JN252041

火災
車両救助対応ガイド
調査

ハイブリッド車・電気自動車の電源遮断装置等詳細一覧表 付

元 くるま総合研究会(KSK)代表 相川 潔 著

東京法令出版

２訂版はしがき

初版を発行してから３年が経った。その間、消防学校の授業等で多くの方とお会いし、この本もたくさんの方に読んでいただくことができた。

技術の進歩は日々目覚ましく、現在では水素自動車も販売されるまでに至っている。今回は、このような新しい技術の紹介と、この３年間に私が消防職員の方と接して質問を受けたことや、知っておいてほしいと思ったこと、さらに最新のハイブリッド車についても追加した内容になっている。

本冊が是非、みなさんの業務の一助になればと祈っている。

最後に、今回の改訂版に対して御協力をいただいた方々に深く感謝いたします。

平成27年３月

相川　潔

本書の改訂作業を進めているさなか、平成27年４月、著者の相川潔様が急逝されました。多くの読者の皆様から改訂版発行のご要望をいただく中、相川様のご遺族にご快諾をいただき、㈱東京アールアンドデーの福田雅敏様のご協力を得て、この度、上梓の運びとなりました。

本書発行に当たり、ご尽力をいただきました皆様に厚く御礼申し上げます。

平成28年９月

東京法令出版㈱

目　次

Contents

第2章　車両からの救助

第3章　消火活動

第4章 車両火災

第5章 ハイブリッド車などの概要

第１章　車の基本構造

1 車は何でできているのか

ボディには主として鉄が使われており、エンジン部品にはアルミニウム、配線や電気部品には銅といった金属が使われている。一見金属の固まりのようにみえる車だが、火災につながる可燃物が多用されている。

1 車は可燃物の固まり

車には、燃料や油脂類といった危険物のほかに、プラスチック類やゴムなど可燃物が多用されている。そのため、車の異常や外部からの火など、何らかの原因で火がつけばよく燃える。

▲車両火災実験　エンジンルームから出火させた実験車両。

2 車に使われる燃料や油脂類

▲各種油脂類　①ガソリン、②軽油、③エンジンオイル（未使用）、④エンジンオイル（使用済）、⑤オートマチックトランスミッションフルード（ATF）（未使用）、⑥ATF（使用済）

ガソリンや軽油が主な燃料。機械部分には、各種オイル類やグリース類、フルード（力を伝えるための作動油）類など、危険物指定の可燃物が使われる。

3 プラスチック類の多様化

▲車内

金属に代わって軽量なプラスチック類の部品が増え、プラスチックの種類も多様化している。乗用車などでは、その重量が車全体の30%を超えるといわれ、その比率は年々上昇している。車内は乗用車に限らずほとんどがプラスチック製となっている。

バンパーやフロントグリル、ライト類はプラスチック製。エンジンルームもエアクリーナーやカバーなどプラスチック製品がぎっしり詰まっており、エンジン本体にもプラスチック製品が使われている。

▲前部

▲エンジンルーム

▲後部

▲プラスチック製ヘッドカバー

4　ゴム類

タイヤやホースをはじめ、多くの部品に使われているゴム類も可燃物である。

▲タイヤはゴム製

▲タイヤ焼失の様子

▲タイヤ燃焼の様子

2 車の構造

車の構造は使用目的により異なるが、乗用車やバスの基本構造は昔とは大きく変わっている。大きく変わらないのはトラックであろう。ここでは現在の主流となっているものを紹介しよう。

1 車の全体概要

（1） 乗用車

▲モノコック構造

乗用車やライトバン、ワンボックスなど小型車のほとんどは、ボディ全体で荷重を受けるモノコック構造である。フロアや足回りを共用して多種類の車を作るのが一般的である。

ほとんどがガソリンエンジンであるが、近年ディーゼルエンジンも復活している。

（2） トラック

▲フレーム構造

頑丈なはしご形のフレームが基本構造である。フレームにエンジンやサスペンション、キャビンなどが取り付けられている。後部に付ける荷台の形状には様々なものがあり、消防車などの特殊車両も同様である。

小型から大型までそのほとんどがディーゼ

▲キャビン上げ

▲キャビン上げ

ルエンジンを運転席の下に搭載しているが、小型車ではガソリンエンジンを搭載しているものもある。多くは整備のためにキャビンが前方に傾斜するチルトキャブを採用している。

◀トラックのエンジン

（3） バス

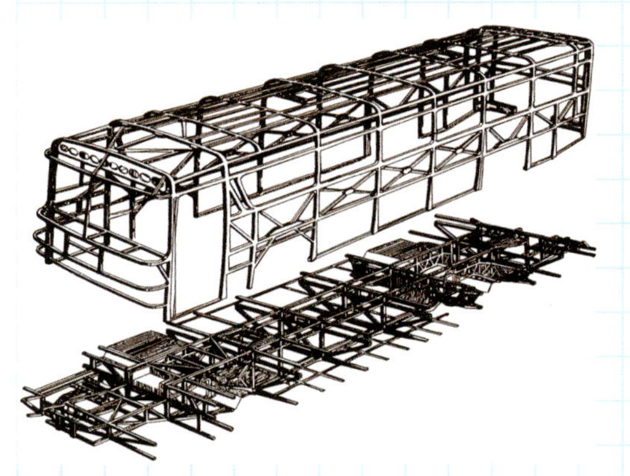

バスの多くは、骨格に鉄板を貼ったスケルトン構造になっているので、鉄板を剥がしたとしても骨格が邪魔になり、救助のための開口部を作ることは困難である。

事故が発生した場合の救助活動は、要救助者が多人数の場合が考えられ、構造が乗用車とは異なるため、より困難を極めることもある。

▲スケルトン構造

ディーゼルエンジンを後部に搭載するリアエンジンで、後輪を駆動するRR方式が主流となっている。後部のカバーを開けると、エンジンにアクセスできる。

▲エンジンカバー（跳ね上げタイプ） ○印の部分をマイナスドライバーなどで回せば、カバーは上に開く。

▲エンジンカバー（観音開きタイプ） ○印の部分をマイナスドライバーなどで回せば、カバーは両側に開く。

整備時などに、後部のエンジンルームで、エンジンの始動や停止などができるコントロールボックスが備えられていれば、エンジンの緊急停止は容易である。

◀エンジンルームにあるコントロールボックス

2 エンジン

（1） エンジンの種類

通常のエンジンは、使用燃料にかかわらずシリンダー内をピストンが往復するレシプロエンジンであるが、マツダ車の一部にはピストンがなく、ローターが回転するロータリーエンジンも存在した。

① ガソリンエンジン

▲ガソリンエンジン　必ず点火プラグがある。

ガソリンエンジンの燃料は、引火温度が低いガソリンで、ほとんどの乗用車や小型トラックなどに使われている。300kPa程度に加圧したガソリンを、コンピュータ制御で噴射する電子式燃料噴射方式が主流である。

② ディーゼルエンジン

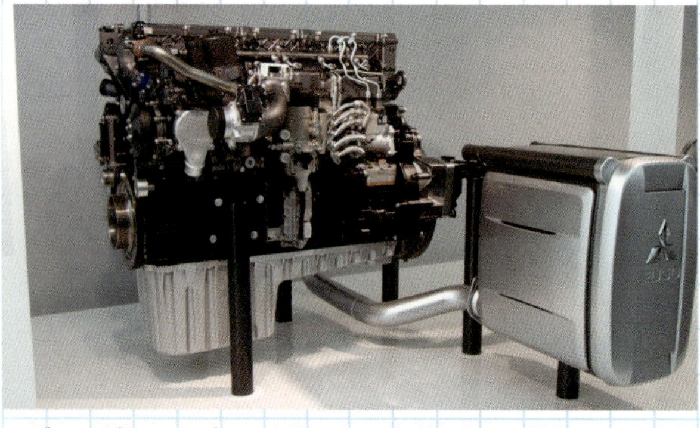
▲ディーゼルエンジン　右側にある箱型のものは排気ガス浄化装置。

ディーゼルエンジンの燃料は、発火温度が低い軽油で、トラックやバスなどの大型車、重機などに使われている。消防車やはしご車などもこのエンジン。排気ガス対策や燃費向上のため、従来の10倍程度の150～200MPaという超高圧に加圧した軽油をコンピュータ制御で噴射させる、コモンレールシステムが主流である。

③ LPGエンジン

▲トラックのLPGボンベ　荷台下の横に格納されている。乗用車の場合はトランク内にある。

LPGエンジンの基本はガソリンエンジン。燃料はLPG（液化石油ガス：プロパンガス）で、このエンジンを搭載した車は、LPG車、LP車、プロパン車などと呼ばれる。主にタクシーで使用されており実績は長い。宅配車やゴミ収集車などの限られた用途の車にも使われている。

④ CNGエンジン

▲バンタイプのCNGタンク　後部座席の下付近に格納されている。

CNGエンジンはガソリンエンジン、ディーゼルエンジンのいずれかを改造。燃料はCNG（圧縮天然ガス）で、車はNGV（天然ガス自動車）と呼ばれる。主として宅配車やゴミ収集車などの限られた用途の車に使われているがバンタイプの車もある。赤いコックは非常用で、右回しに閉めるとガスが止まる。

(2) エンジンの構造

エンジン本体は、シリンダーブロックをはじめとした金属部品の固まりである。ピストンはアルミニウム製が多く、シリンダーブロックやシリンダーヘッドもアルミニウム製、吸気系統やカバーはアルミニウムやプラスチック製のものが多い。他の部品はほとんどが鉄製である。

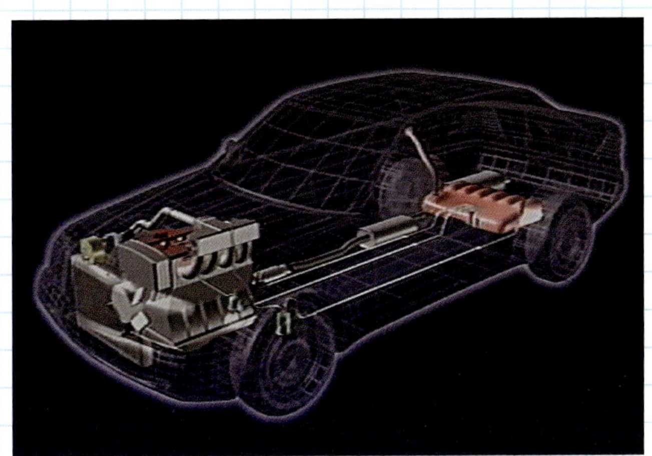
▲エンジン本体

① 排気系統

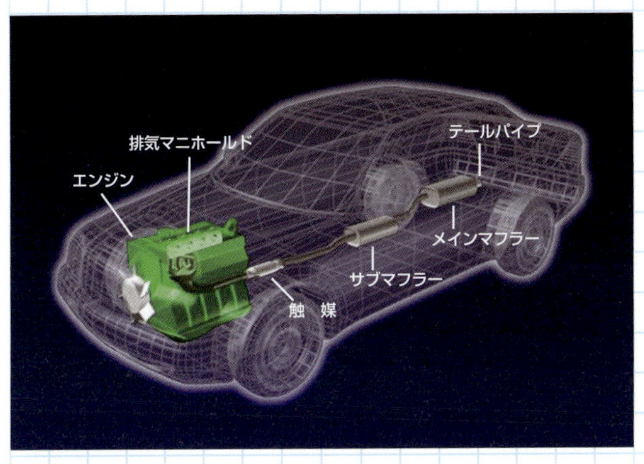

▲排気系統

排気系統は、シリンダー内で燃焼を終えた排気ガスを集める排気マニホールド、排気ガスをきれいにする触媒コンバーター（通称「触媒」）、排気ガスの温度を下げたり、音を小さくするマフラー、それぞれをつなぐ排気管（パイプ）などで構成され、最終的に後部のテールパイプから排出される。

腐食防止のため、マフラーや触媒、パイプなどはステンレス製のものが多い。

② 潤滑系統

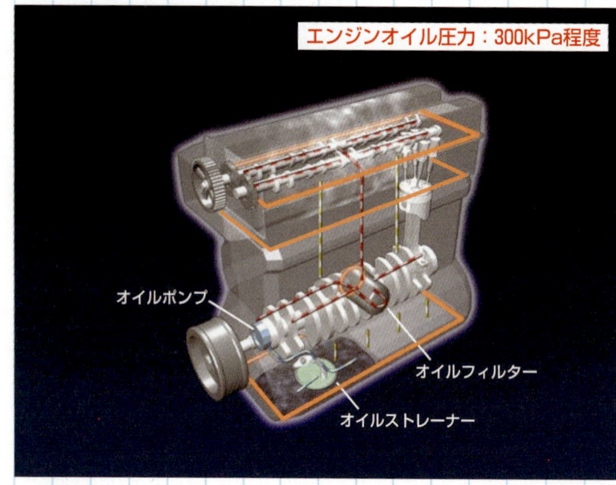

▲潤滑系統のイメージ　赤－白部分が加圧されたオイルの通路。

潤滑系統では、オイルパンに溜めてあるオイルを、オイルポンプで300kPa程度に加圧してオイルフィルターを通し、クランクシャフトやカムシャフト、コンロッドなどの軸受け部にエンジンオイルを送って潤滑する。

③ 燃料系統

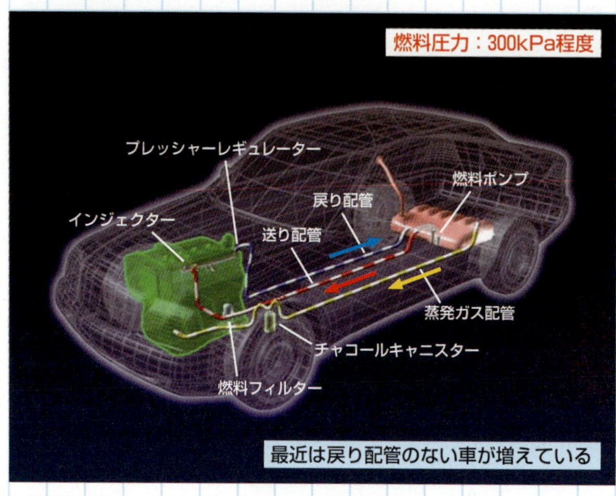

▲燃料系統のイメージ　300kPa程度に加圧されたガソリンが、インジェクターから噴射される。

燃料系統は、燃料タンクから燃料を噴射するインジェクターまでを指し、燃料タンクやパイプがプラスチック製のものもある。エンジンとつながる部分は振動を吸収するゴム製のホースを使用する場合が多い。

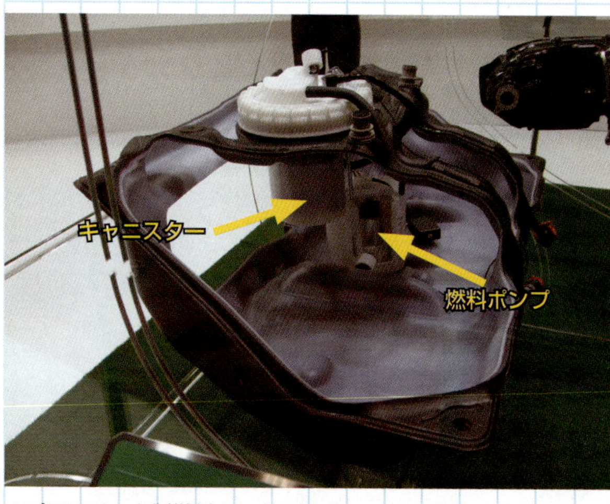

▲プラスチック製燃料タンクの例（カットモデル）　燃料ポンプだけでなくキャニスターも内蔵されているものもある。

ガソリン車の燃料ポンプは、電動モーター式でタンクに内蔵され、ガソリンを300kPa程度に加圧してエンジンに送る。ディーゼル車ではエンジンに付属した機械式のポンプで軽油を吸い上げて10～20MPa程度、最近では200MPa程度に加圧してシリンダー内に噴射する。

乗用車タイプの燃料パイプは、床下の中央寄りにブレーキパイプとともに配置され、パイプを保護するプロテクターが付いているものもある。

◀燃料パイプ（プロテクター付）

④ 電気系統

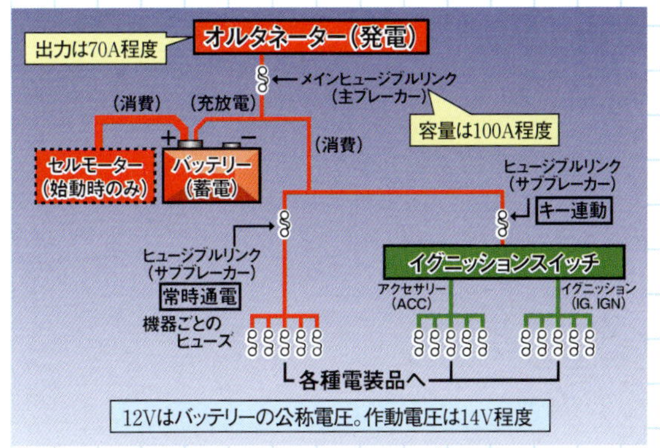

エンジンの力で回転するオルタネーター（発電機）で発電された電気がメインヒュージブルリンクを経由し、バッテリーの蓄電量が不足していれば充電する。その一方で、電気はブロック別のヒュージブルリンク、ヒューズを介して各電装品へ流れる。

◀電気系統のイメージ

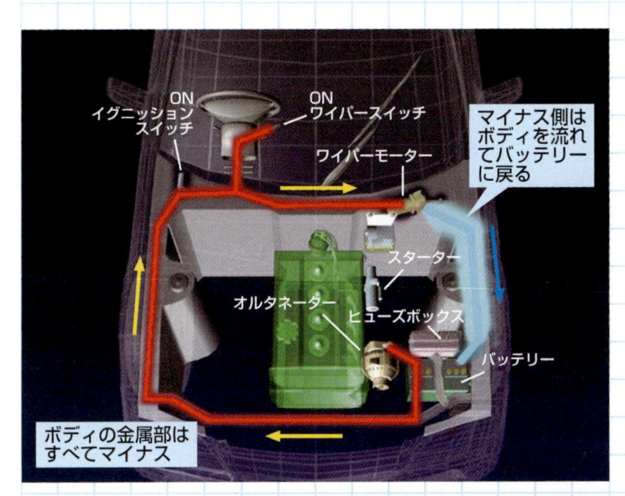

▲電流の流れのイメージ（ワイパーの場合）

バッテリーのマイナスは、ボディの金属部に接続されているので、ボディは全てマイナス。ボディがマイナス線の代わりをするので、マイナス線はほとんどない。

車のバッテリー電圧は、12V（大型車は24V）といわれるが、実際には12.6V（大型車は25.2V）で、エンジンがかかっているときは、オルタネーターが発電しているので、14V（大型車は28V）程度になる。

▲オルタネーター

⑤ 点火系統

点火系統は、ガソリンエンジンのような火花点火式のエンジンに装備されている。イグニッションコイル（以下「コイル」）で発生した高圧電気（4万V程度）を、決められたタイミングでスパークプラグ（以下「プラグ」）に送り、放電火花で混合気に着火する。

▲ディストリビューター方式

◆ディストリビューター方式◆

ディストリビューター方式は、コイルで発生した高電圧をディストリビューター（以下「デスビ」）で各シリンダーに配分する。コイルがデスビの中に内蔵されているものもある。

▲同時点火方式

◆同時点火方式◆

同時点火方式は、高電圧を発生する二次コイルのプラスとマイナスの両極をプラグにつなぎ、1つのコイルで2気筒を受け持つ。コイルの数は増えるが、デスビは不要になる。

▲ダイレクトイグニッション方式

◆ダイレクトイグニッション方式◆

ダイレクトイグニッション方式は、現在の主流で、小型のコイルを各プラグに取り付けている。点火のタイミングはコンピュータ制御となっている。当然だがデスビはない。

⑥ 冷却系統

冷却系統は、ラジエーターやファン、ウォーターポンプ、サーモスタット、ゴムホースなどによりエンジン内に冷却液を循環させてエンジンを適温に保っている。

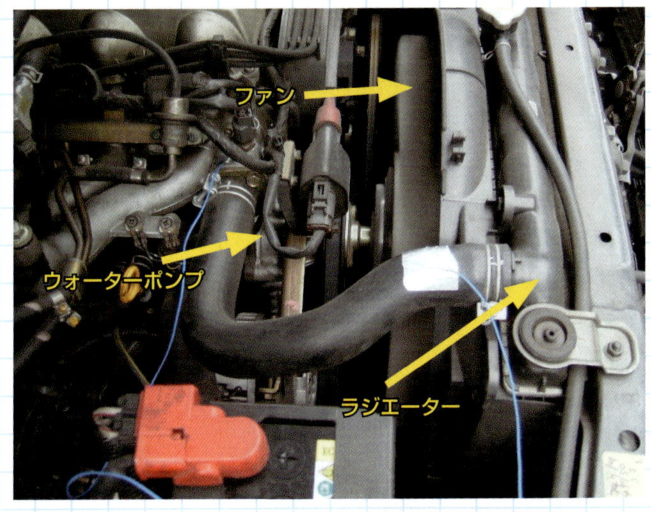

▲冷却系統

⑦ 吸気系統

吸気系統は、シリンダー内に吸入する空気の通り道であり、エアクリーナーはプラスチック製のケースに紙製のエアエレメントが入っている。空気が通るホースやパイプはプラスチックやゴム製が多く、吸気マニホールドがプラスチック製のものもある。

▲エアクリーナーケース

▲エアエレメント

3 その他の装置等

車には、走る・止まる・曲がるといった性能を発揮すると同時に、乗り心地や快適な環境を保つための様々な装置がある。

1 動力伝達装置

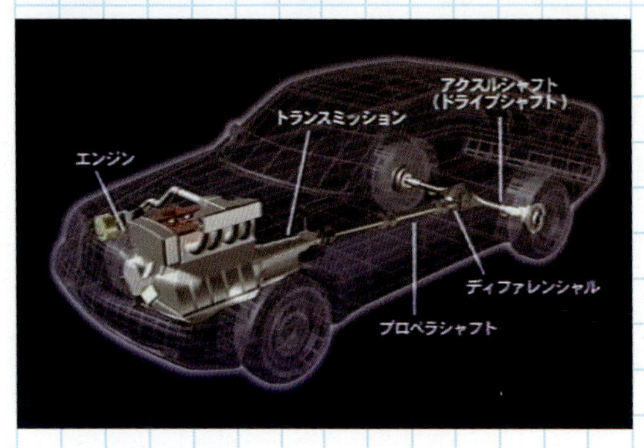

◀動力伝達装置のイメージ

動力伝達装置は、エンジンで発生する動力を断続させたり、効率よく車輪に伝えるための装置である。カーブのとき、左右輪の回転差を吸収するディファレンシャル装置は、必ず装備されている。

(1) 変速方式

① マニュアルトランスミッション

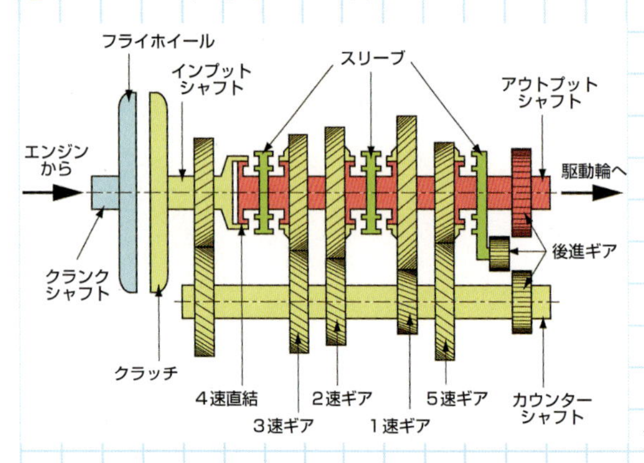

◀マニュアルトランスミッション

一般的にはMTと呼び、クラッチとギア式ミッションを組み合わせ、運転者がクラッチの断続と手動でギアの切替えをする。

② デュアルクラッチトランスミッション（DCT）

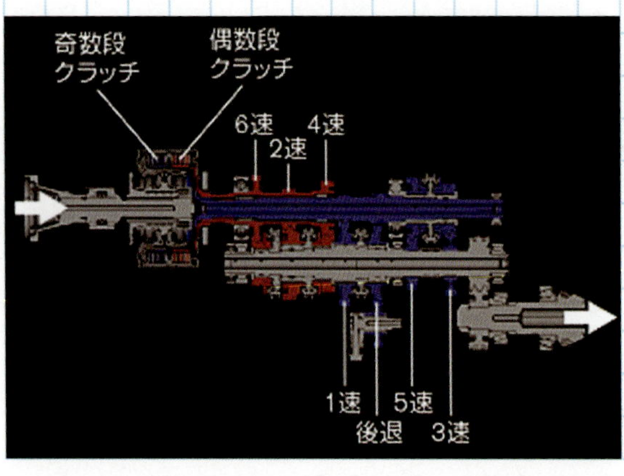

◀デュアルクラッチトランスミッション

偶数段用のクラッチと奇数段用のクラッチを備えており、素早い変速ができる。近年はコンピュータでクラッチや変速を制御する自動変速タイプが増えつつある。

③ オートマチックトランスミッション

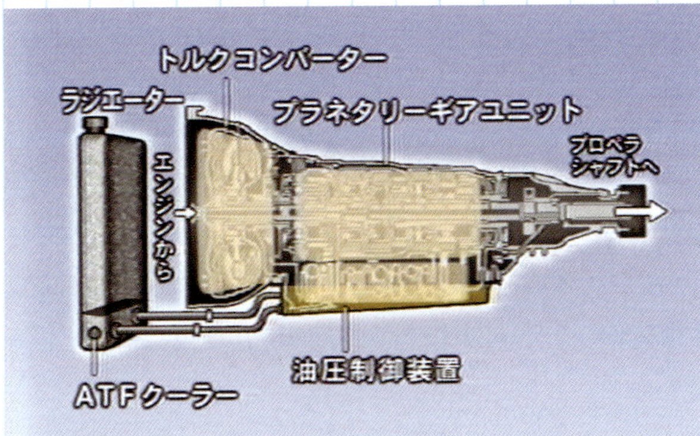

一般的にはATと呼ばれ、遊星歯車を組み合わせたミッションで自動変速を行う。トルクコンバーターでエンジンの動力を自動的に断続し、変速も自動的に行う。

◀オートマチックトランスミッションのイメージ

④ CVTトランスミッション

CVTとは、連続可変トランスミッションのことで、オートマチック車であるが、ギアによる変速ではなく、金属ベルトとプーリーで自動無段変速をする。原付スクーターなども原理は同じ。一部の車ではローラーとディスクを用いたものもある。

◀CVT内部

※クラッチペダルのない車は、AT免許で運転することができる。

(2) 駆動方式

駆動方式には、以下の代表的なものがある。

① FF方式：フロントエンジン・フロントドライブ

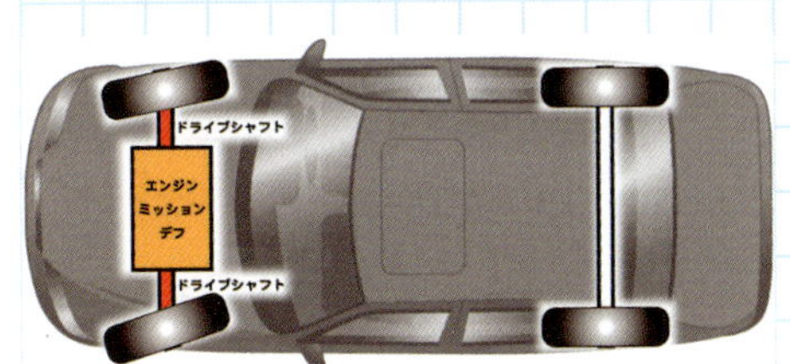

フロントにエンジンを積み、前輪を駆動する前輪駆動車。小・中型の乗用車に多い。

▲FF方式

② FR方式：フロントエンジン・リアドライブ

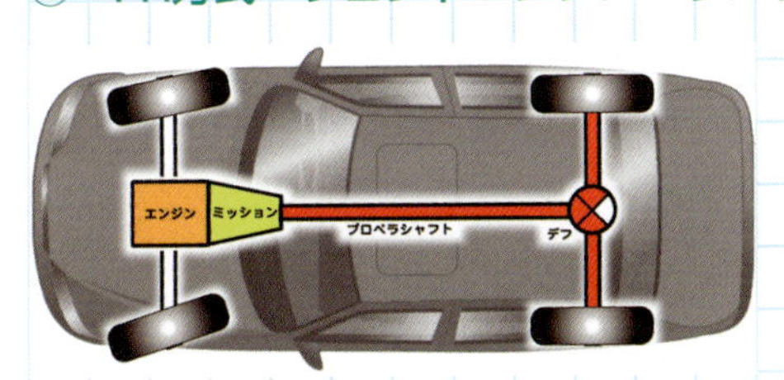

フロントにエンジンを積み、後輪を駆動する後輪駆動車。高級乗用車に多い。

▲FR方式

③ 4WD方式：四輪駆動車（＝AWD：全輪駆動車）

4WDには様々な方式がある。

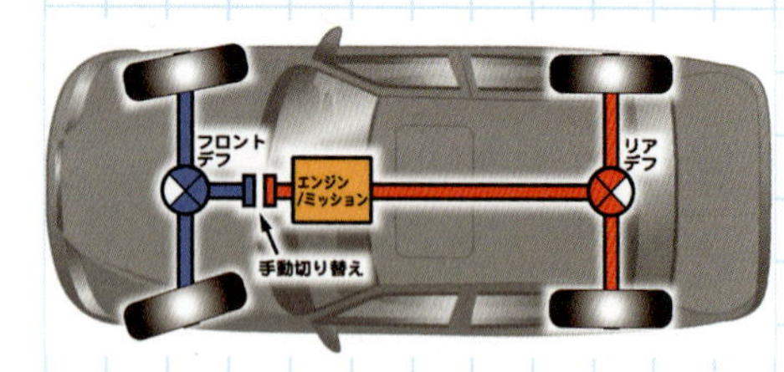

▲パートタイム4WD方式

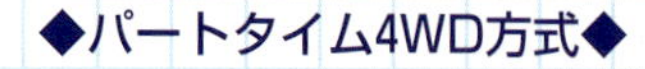

◆パートタイム4WD方式◆

通常は2WDだが、レバーやスイッチなどで非駆動側に動力を伝え4WDにする。昔のジープが代表格で4WD走行は悪路専用。4WDで乾燥舗装路を走行すると駆動系に過大な力がかかる。

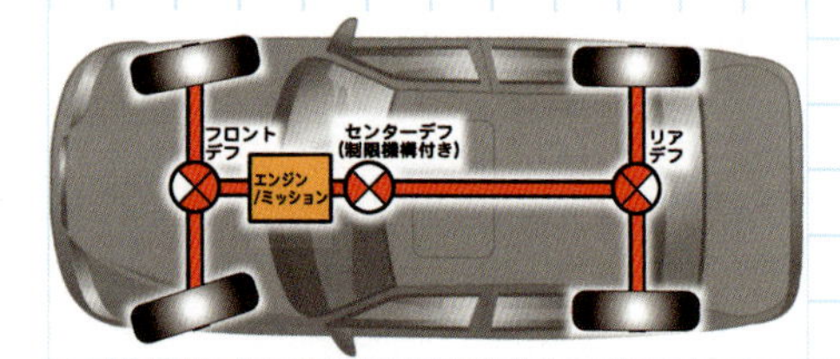

▲フルタイム4WD方式

◆フルタイム4WD方式◆

常に4WD状態で、前後のタイヤ回転差を吸収するセンターデフなどの機構を持つ。アウディクワトロやレガシィなどが代表格。前後の駆動力を最適に配分するシステムや二輪駆動切り替えの機構を組み込んだものもある。

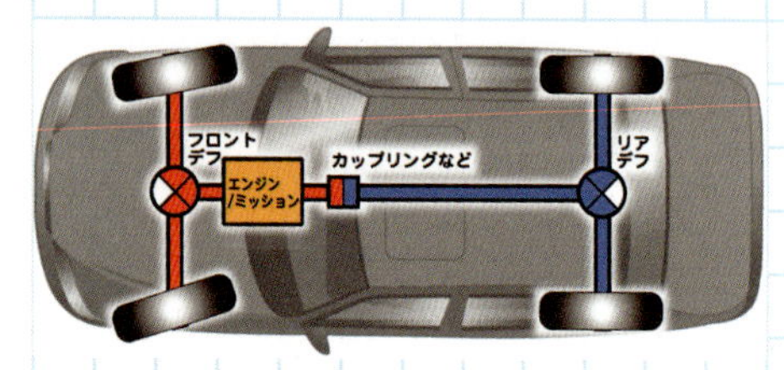

▲スタンバイ4WD方式

◆スタンバイ4WD方式◆

通常は2WDで、駆動輪がスリップすると、カップリングなどで非駆動輪側に動力を伝え4WDになる。小型車に多く用いられてフルタイムなどと呼ばれる場合もあるが、前記のものとは全くの別物。

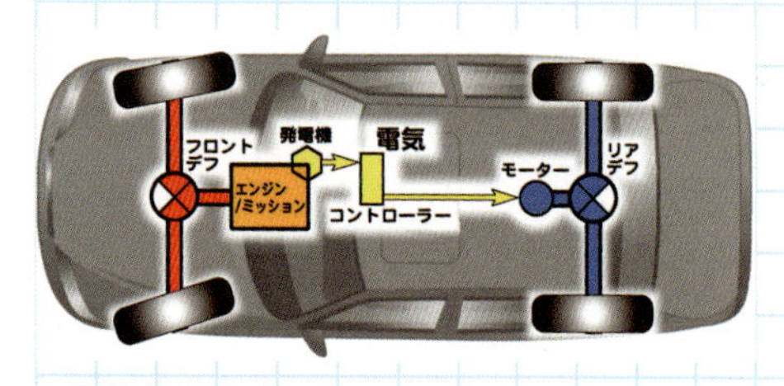

▲電動4WD方式

◆電動4WD方式◆

通常は2WDで、駆動輪がスリップすると、非駆動側をモーターで駆動する。一部の車やトヨタのHVで用いられている。スイッチで作動しないようにできる車や発進時は4WDになる車もある。

プラスα

▶一部にはRR（リアエンジン）やMR（ミッドシップ）などもあり、主としてスポーツタイプの車に用いられる。中型・大型のバスはこの方式である。

▶大型車は、後輪駆動で駆動軸が複数のものもある。駆動形態を駆動軸の数（例：2軸駆動）で呼んだり、全輪駆動を総輪駆動と呼ぶことが多い。

2 操舵装置

操舵装置とは、ハンドルと前輪が機械的につながり、ハンドルを回して車の向きを変える装置。ほとんどの車にハンドルの操作を補助して運転を楽にするパワーステアリング（パワステ：PS）が装備されている。

近年、ハンドルの動きを感知してコンピュータ制御されるモーターの力のみで操舵する車も出現した。

▲操舵装置のイメージ

① 電動式パワーステアリング

乗用車タイプの小・中型車に多いのは、電気モーターの力で補助する電動式。

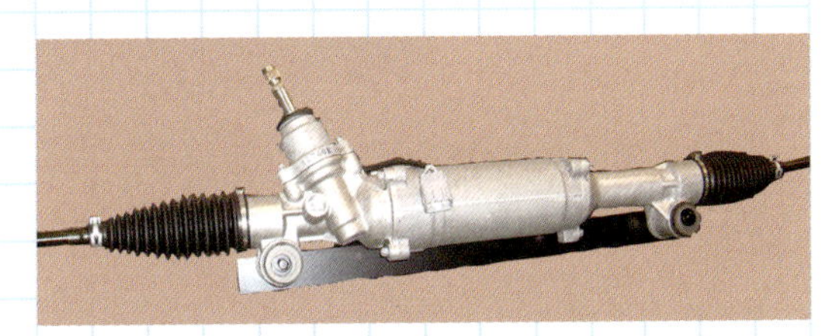

▲電動式パワーステアリング

② 油圧式パワーステアリング

乗用車タイプの中・大型車に多いのは、エンジンの力で油圧を発生させて油圧の力で補助する油圧式。トラックやバスなどは全て油圧式となっている。

▲油圧式パワーステアリング

▲油圧式パワーステアリングのイメージ

③ 電動油圧式パワーステアリング

電動油圧式パワーステアリングは、ハンドルを切るとセンサーからの信号がコンピュータへ行き、モーターで適切に油圧ポンプを回して、油圧の力で補助する方式である。フィーリングがよく、省エネになるという。

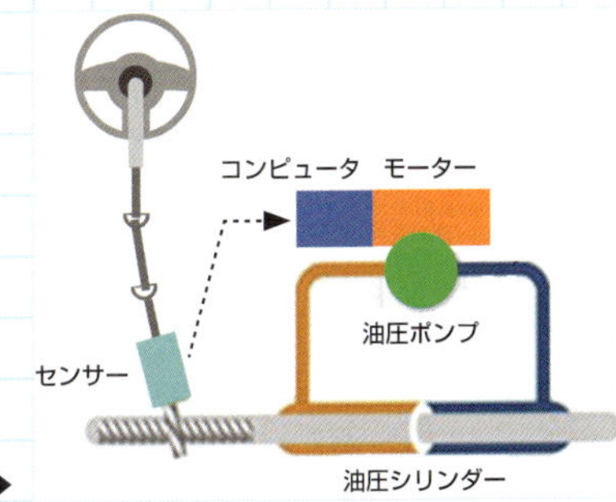

電動油圧式パワーステアリングのイメージ▶

3　制動装置（ブレーキ）

ブレーキペダルを踏んだ力はブースター（真空倍力装置や油圧倍力装置など）で大きくなり、全ての車輪に装備されたブレーキ機構に伝わって車を止める。

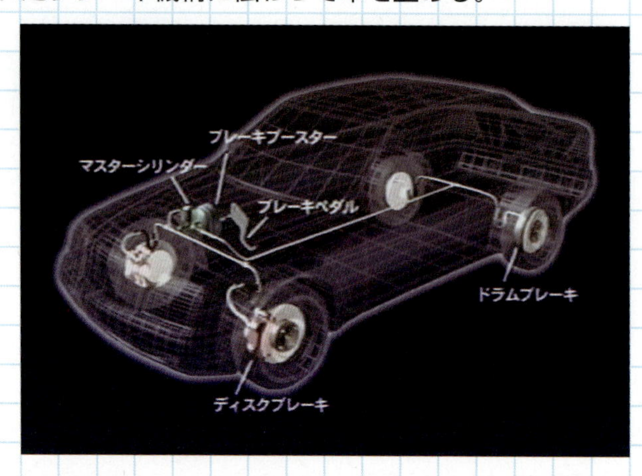

◀制動装置のイメージ

乗用車タイプの車や小型トラックは、真空倍力装置付きの油圧式。一部乗用車には油圧倍力装置が使われている。

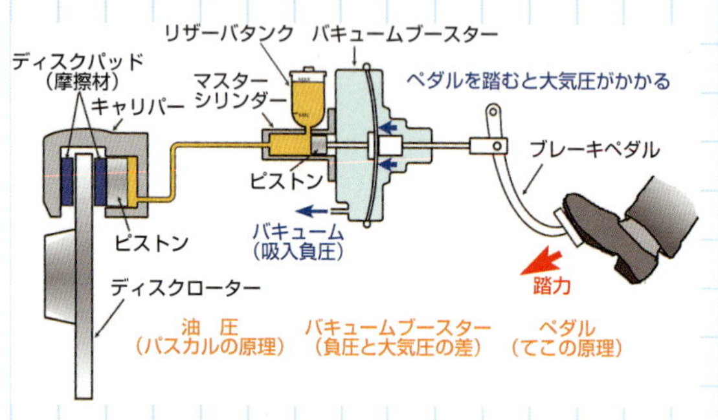

▲ブレーキを踏む力の増大イメージ
　ブレーキペダルを踏むと様々な機構で力が大きくなり、摩擦材を押し付けるので、軽い力でブレーキが良く効く。

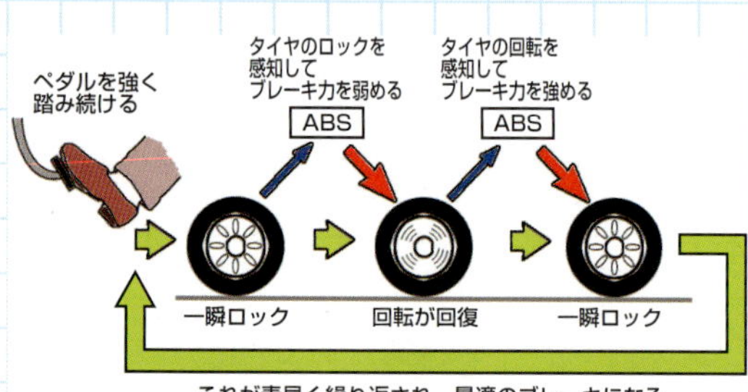

▲ABSのイメージ
ABS（アンチロック・ブレーキ・システム）:
　急ブレーキを踏んでタイヤがロックすると車の姿勢が安定しなくなるが、ABS装備車はペダルを強く踏んでも、タイヤがロックしないようにコンピュータ制御しているので安定して止まることができる。

（1）　ブレーキの種類

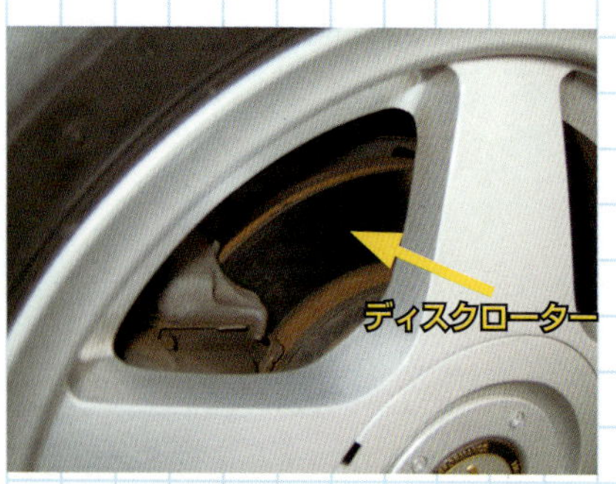

▲ディスクブレーキ（ディスクローター）

①　ディスクブレーキ

ディスクブレーキは、乗用車タイプの車のほとんどの前輪に使われるが、後輪にも使われる場合がある。

②　ドラムブレーキ

ドラムブレーキは、乗用車タイプの車の後輪に使われることが多い。大型車の多くは、全輪に使われている。

▲ドラムブレーキ

(2) 中型・大型車のブレーキ

① エアブレーキ

中型・大型車は、空気圧・油圧併用式と、完全な空気圧式（フルエアブレーキ）が使用されている。

▲空気圧・油圧併用式ブレーキ

空気圧・油圧併用式が最終的にブレーキを作動させるのは、空気圧によって加圧された高圧のブレーキ油圧である。

▲リアエアチャンバー

▲フロントエアチャンバー

▲エアタンク

② フルエアブレーキ

最終的にブレーキを作動させるのは、エアチャンバー内に送り込まれる高圧の空気である。

フルエアブレーキは空気圧でブレーキを作動させるので、安全のためエア圧が低くなるとブレーキがロックする。解除は全てのエアチャンバーに車載工具のボルトを入れてナットで締め上げる（車種により異なる）などの操作が必要になる。

解除するときは、必ず車輪止めをすること。

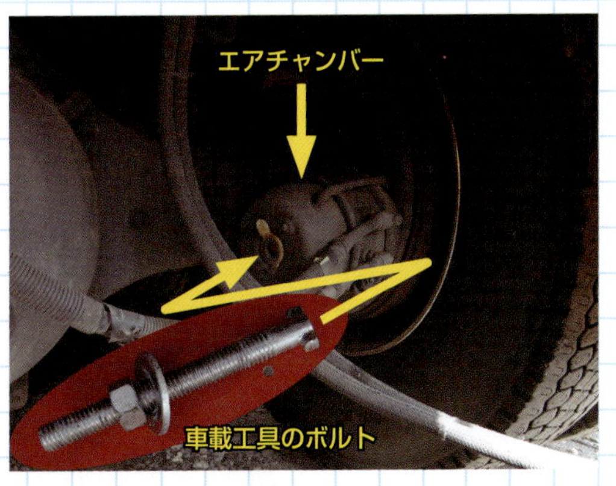

▲フルエアブレーキの解除

4　懸架装置（サスペンション）

懸架装置とは、車輪とボディをスプリングを介してつなぐ装置で、多くは金属製のスプリングを使うが、一部には空気バネを使うエアサスペンションもある。スプリングの振動を抑えるショックアブソーバー（ダンパー）が同時に用いられている。

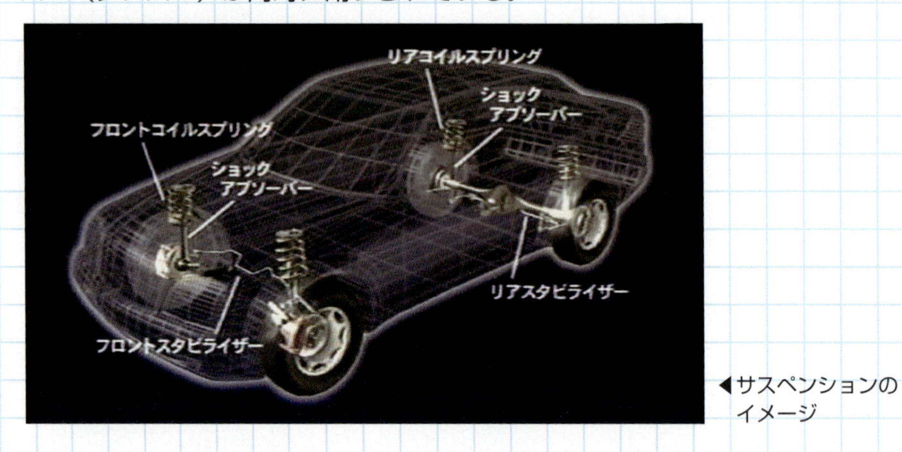

◀サスペンションのイメージ

5　車室内の内装材

車室内にはプラスチック製品が多用されているが、いずれも難燃性素材となっている。

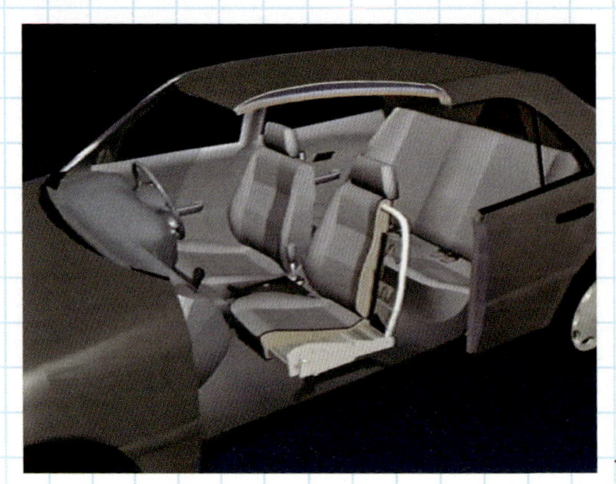

◀車室

シートは、鉄やマグネシウム合金などの骨組みで、ウレタンのクッション材、合成皮革や合成繊維などの表皮で覆われている。

◀シート

第2章　車両からの救助

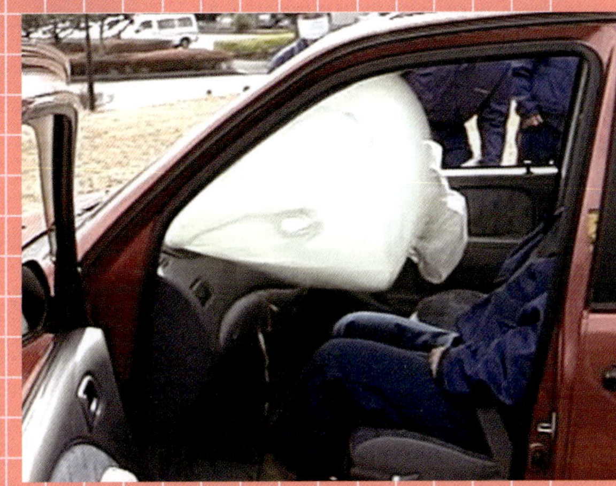

1　救助現場到着時の注意点

事故現場などで救助に当たる前に、救助作業の現場を他の交通などの危険から守る処置は無論必要だが、ここでは、そのほかの二次災害の防止や自分の安全のための対処法を紹介しよう。

1　車輪止めの設置

完全につぶれて動かない車では必要ないと思われるが、車輪が回る状態であればブレーキがかかっていないこともある。救助中に車が動き出す危険が考えられるので、車輪止めをしっかりかけて、車を固定する。

▲車輪止め

2　エンジンの停止

エンジンがかかっていたら、まずはエンジンを停止させキーを抜き取る。思わぬことで車両火災や暴走につながる危険がある。

古いディーゼル車は、キースイッチをOFFにしてもエンジンは止まらないので、運転席にあるエンジン停止用のノブを引くなどして、エンジンを止める。

▲キースイッチ

▲エンジン停止用ノブ

3　バッテリーのマイナス端子を外す

電気火災の危険を防ぐため、バッテリーのマイナス端子を外す。外したマイナス端子がバッテリーのマイナスポストに触れないようにすれば、絶縁の必要はない。

電動パワーシートなどを作動させるときは、その間だけマイナス端子をバッテリーにつなげばよい。つないでからスイッチを入れ、スイッチを切ってから再びマイナス端子を外す。

▲マイナス端子を外す

ガソリン臭がするときは火気厳禁

ガソリンは静電気で着火することもあるので、エンジンルームが破損しているような場合は細心の注意が必要である。

2 乗員を保護する構造と機構、救助時の注意点

事故から乗員を守るための技術は、日々進歩している。しかし、そのことが救助を難しくすることもある。

ここでは、車の構造・機能や救助時における注意点などを紹介しよう。

1 クラッシャブル構造

クラッシャブル構造とは、車の客室部分を頑丈に作り、前部や後部は衝突時に効率よくつぶれるようにして衝撃を和らげる構造で、「衝撃吸収ボディ」とも呼ばれる。

▲実車衝突試験（運転席側） 車の衝突安全性を評価するため、衝突実験（時速55km）で試験をしている。運転席エアバッグにダミー人形の頭部が当たっている。

▲実車衝突試験（助手席側） 大きな助手席エアバッグでダミー人形は保護されている。

従来の鋼板より強度がある、高張力鋼板（ハイテン材）や超高張力鋼板（ウルトラハイテン材）が多用されている。

変形しにくいが大きな事故などで骨格が変形すると引き出しにくく、油圧カッターなどでの切断は容易ではないこともあるが、最新型のカッターでは切断可能。

◀高張力鋼板を使用したボディ補強材 着色部分は補強材。

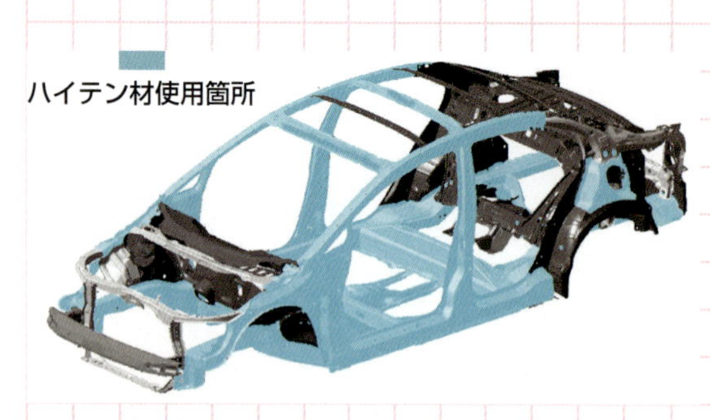

▲高張力鋼板の使用例　水色部分が高張力鋼板（ハイテン材）の使用箇所。年々その使用箇所や使用量は増えている。

▲ピラー付け根部分の補強材　厚い高張力鋼板が補強材として入っている。こうした箇所は油圧カッターなどでの切断は難しい。

2　シートベルト

衝突時などに体がシートから離れて車内に衝突するのを防ぐもの。ベルトを切断するときは、要救助者の体が大きく移動することもあるので十分な注意が必要。シートベルトの構造は進化しており、様々な機能が実用化されている。

実用化されているシートベルトの機構

◎ELR（エマージェンシー・ロッキング・リトラクター）式
普段はベルトが自由に出入りするが、衝撃を感知したり傾斜すると、自動的にロックする。

◎テンションリデューサー
ELRの巻き取り力を弱めて、ベルト装着時の拘束感・圧迫感を軽減する。

◎プリテンショナー
エアバッグと同時に作動し、強制的にベルトを一定量だけ引き込んで緩みをなくす。

◎フォース（ロード）リミッター
プリテンショナーと同時に装備され、ベルトに掛かる力が基準値を超えると、胸部保護のため少し緩める。

◎プリクラッシュ・シートベルト
前車との距離・速度差を常に計測し、衝突の危険があるとベルトをモーターの力で軽く引き込み、ドライバーに警告する。さらに危険が迫るとベルトを強制的にモーターの力で引き込んで緩みをなくし、プリテンショナーの効果を高める。

◎ヒューズベルト（現在は使用されていない）
ベルトに掛かる力が基準値を超えると縫い目が解かれて、フォース（ロード）リミッターのような働きをする。

◎アジャスタブルアンカー
体格に合わせて肩ベルトの位置を調節できる。

◎チャイルドシート固定機能付き
ELR／ALR切り替えで、チャイルドシートをしっかりと固定する。

▲大きな衝撃を受けたシートベルト　シートベルトを着用していた証拠でもある。シートベルト着用であれば肩ベルトの折り返し部分に擦過痕が残ることが多い。
　前席に使われているプリテンショナー付きの場合、シートベルトが完全に格納された状態であれば非着用、引き出された状態であれば着用していた可能性が高い。
　こうした状況を写真撮影するとともに記録に残しておく。

3　エアバッグ

エアバッグは、衝撃を受けた際、シートベルトで保持しきれなかった体が車内に直接衝突するのを防ぐものである。

運転席、助手席のフロントエアバッグが一般的。このほかにサイド、カーテン、ニー（膝）、リアなどのエアバッグもあるが、膨らみ方はフロントエアバッグより小さい。

▲SRSエアバック（カーテン）

▲SRSエアバック（運転席）

▲SRSエアバック（助手席）

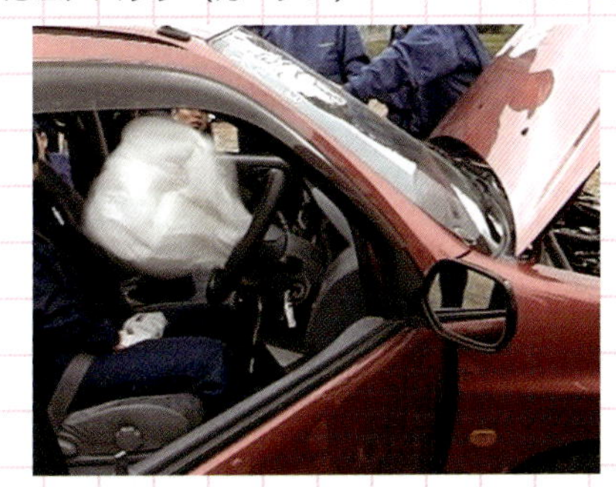

▲運転席エアバッグ

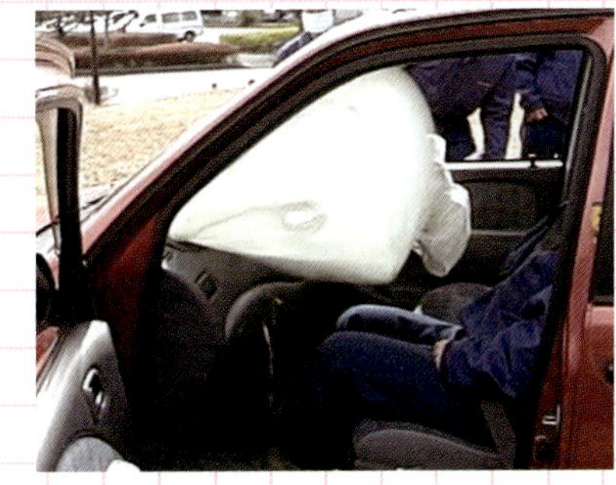

▲助手席エアバッグ

運転席エアバッグ展開速度

km/h
300
250
200
150
100
50
0
-50
-2 3 8 13 18 23 28 33 38 43
μ Sec.

展開時、時速250kmを超えている。

運転席エアバッグ温度

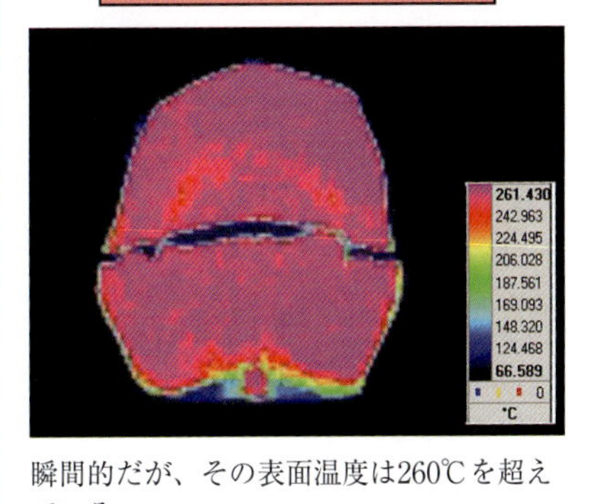

瞬間的だが、その表面温度は260℃を超えている。

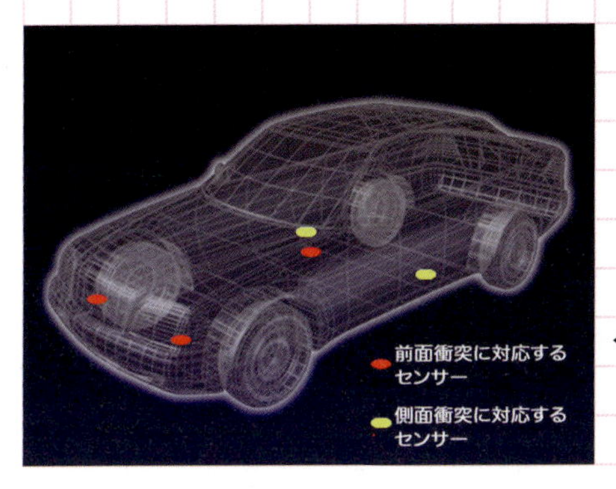

エアバッグは、キースイッチをOFFにしても、3～10分間くらいは、センサーが衝突と同様な衝撃を受けると作動することがある。

センサーが大きな衝撃を受けてもコンピュータが衝突の衝撃と判断しなければ作動しない。

◀エアバッグセンサーの位置　前面衝突に対応するセンサーは、左右のヘッドライト下付近２か所と、運転席横のセンターコンソール下付近１か所の計３か所。側面衝突用に対応するセンサーは、左右のセンターピラー下付近にある。

3 エンジンを止める緊急時の方法

救助に駆けつけたとき、その要救助車のエンジンがかかっているときは、エンジンを止める必要がある。キースイッチをOFFにすればエンジンは止まるのだが、それができない状況のときはどのようにすればよいのだろうか？

1 キーが折れている

キーシリンダーの中にキーが残っていれば、キーの刺さっている部分にマイナスドライバーなどを当てて、反時計方向に回せばキーシリンダーの中が回りエンジンは止まる。

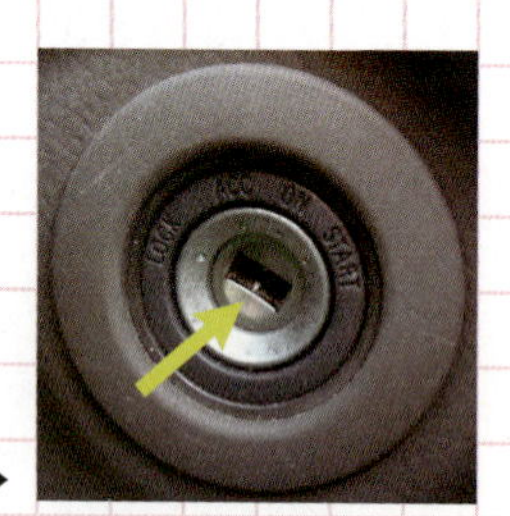

エンジンキースイッチ▶

2 電子キーの車

ボタンタイプのエンジンスイッチは、ボタンを押せばエンジンは止まる。走行中は長押し（2秒以上）が必要。

▲ノブタイプのエンジンスイッチ

◀▲ボタンタイプのエンジンスイッチ

ノブを回すタイプのエンジンスイッチは、今までのキーと同じようにノブを反時計方向に回せば止まる。

エンジンが突然動くかも⁉

アイドリングストップ車やハイブリッド車は停車しているとき、基本的にはエンジンが止まっている。しかし、キーを切らないといつエンジンがかかるか分からない。

キーレスエントリー車は、ボタンスイッチやノブスイッチなどでエンジンやシステムを停止させる。

3　電子制御の電源を遮断

▲ヒューズボックスの内部

　ガソリン車、ディーゼル車とも現在主流の電子制御式は、制御回路の電気を遮断すればエンジンは止まる。

　エンジン関係のヒューズやヒュージブルリンク、リレーを外せばエンジンは止まる。分からないときは順に外していく。

　電子制御式でなくとも、ガソリン車であれば、同様である。

　ヒューズを外すときは車に付属しているヒューズプラーを使用する。

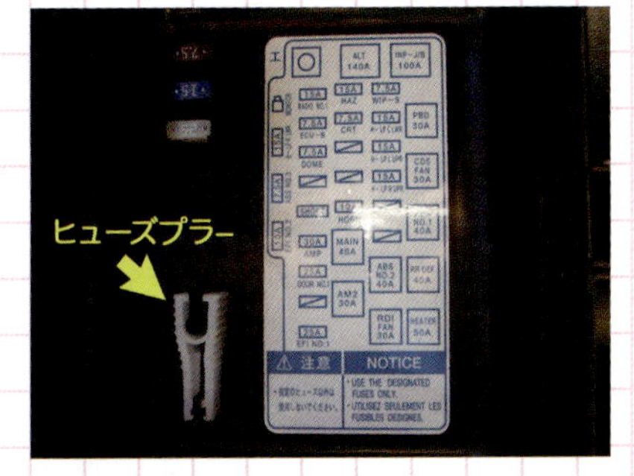

▲ヒューズボックス蓋内側

▲ヒューズプラーの使用例

▲小型ヒューズをプラーで外す

▲ヒューズをペンチで外す　ヒューズプラーがないときは、ペンチなどで外す。

エンジンは止まらない！

　エンジンがかかっているときは、バッテリーの端子を外しても、オルタネーター（発電機）によって電気は供給されるので、エンジンは止まらない。

4　燃料を遮断

燃料の供給を遮断すればエンジンは止まるが、ガソリンエンジンの場合は安易に燃料ホースを外したり切断することは危険である。

ディーゼルエンジンのトラックの場合は、タンクにある２本のホースのうち、エンジンへ燃料を送る側（外向き矢印やOUTなどの表示）を見極めて、ホースを外すか切断すればエンジンはやがて止まる。

▲トラックの燃料タンク

▲乗用車の燃料タンク

5　吸入空気を遮断

▲トラックのエアインテック　キャビンが上がるタイプは途中に蛇腹があり、この部分は簡単に外せる。

大型トラックなどでは、エアクリーナーにつながるホースが外側にある。簡単に外れるので、ここから大量のウエスなどを吸い込ませればエンジンは止まる。

空気の吸い込み口から大量の水を吸い込ませれば、エンジンは確実に止まるが、エンジン内部が破損するので、緊急時以外は推奨できない。

ここが危険！

やってはいけないエンジンの停止方法

「トラックのエンジンが高回転をしていたので、エンジンオイルを抜いてエンジンを止めた」という実例があるが、最悪の場合、エンジンが焼きついて車両火災が起きたりエンジンの破損で大けがをする危険がある。

4 車内閉じ込め時の対処

救助現場へ行ったら、ドアがロックされているうえに、要救助者である乗員の意識がなく開けることができないときは、ガラスを割るのが最速の救助法である。

1 ドアロック

▲ドアロックスイッチ

二重にロックをかけるのではなく、単に外側のドアハンドル（ドアアウターハンドル）で開かないようにする装置で、外部から簡単に解除できない構造になっている。事故のときドアが開くのを防ぐものではなく、防犯上のものといえる。

ドアロックがかかっていても、内側のドアハンドル（ドアインナーハンドル）を強く引けば開く車もある。

要救助者がいる場合、緊急を要するときはガラスを割るのが簡便で確実。

2 ガラスの種類と特徴

車のガラスには、構造が異なる２種類のものが使われている。

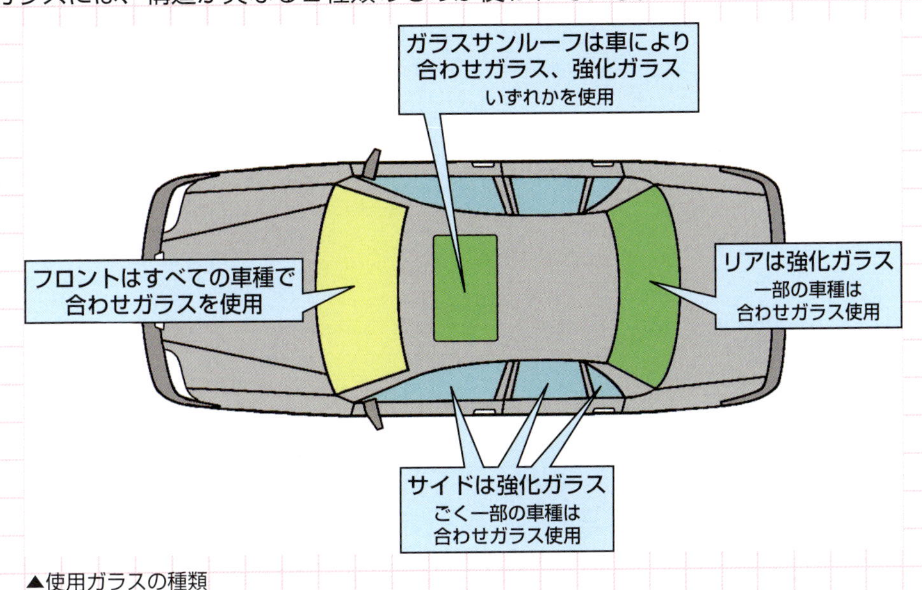

▲使用ガラスの種類

乗用車やトラックと同様に、バスもフロントガラスは、全て合わせガラスで、その他のガラスは、強化ガラスのものと合わせガラスのものがある。

強化ガラスタイプは路線バスに多く、窓の大きな観光バスは合わせガラスを使用する例が多い。

▲合わせガラスのマーク

(1)　合わせガラス

主としてフロントガラスに使われており、２枚のガラスの間に、強靭で柔軟性のあるプラスチック製中間膜を挟み一体化したガラス。

たたけばヒビは入るが貫通しにくい。

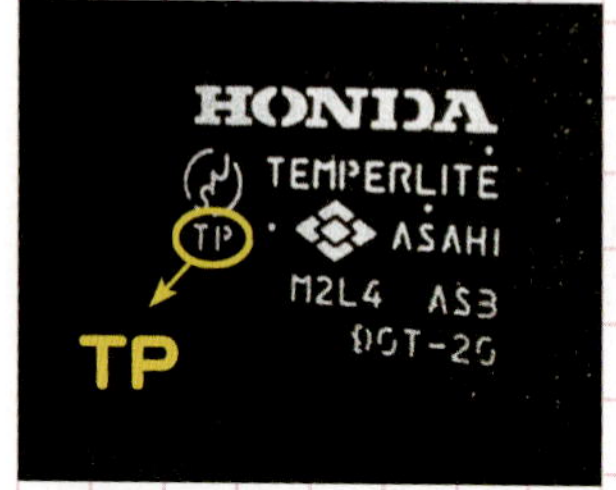

▲強化ガラスのマーク

(2)　強化ガラス

フロントガラス以外に多く使われており、熱処理を行い強度を高くしたガラスで割れにくい。

尖（とが）ったものが当たると一瞬にして砕ける性質がある。

3　緊急脱出用工具

小型だが、いずれも先端が尖っているので、強化ガラスを一瞬にして安全に破壊することができる。万能斧（おの）のような大型なものでのガラスの破壊は、割れたガラスの飛散が大きくなる。

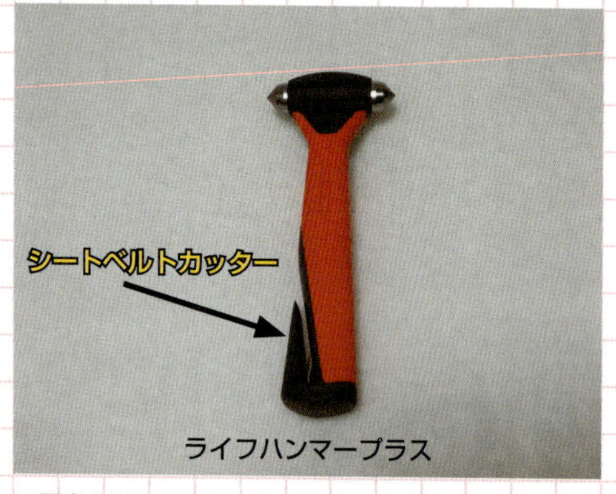

▲緊急脱出用工具　鋭い先端で確実にガラスを割ることができる。

▲ポンチ式緊急脱出用工具　押し付けるだけで、赤色矢印部から突起が飛び出して強化ガラスが割れる。黄色矢印のホルダーを外すと、シートベルトカッターがある。ライターと比較しても分かるように、小型で使用方法が簡便。

▲グラスソーでの切断

合わせガラスは、グラスソーなどで切って貫通口を作る。

ガラスを破壊しての救助には、ガラスの破片が飛ぶので、保護眼鏡をはじめとした安全装備の使用を忘れてはならない。

要救助者に対しても同様な配慮が必要になる。

4　救助時の注意

要救助者に面しているガラスは、ガラスの破片が降りかかるので割ってはならない。

後部ドアなどに小さな窓ガラスがあれば、そのガラスを割ってドアを開け、そこから要救助者のドアを開けるといった手順がよい。

▲三角窓

割るガラスにガムテープなどを貼って飛散しないようにするとよい。リアのドアガラスやリアウィンドウなどでフィルムが貼ってあるガラスは飛散が少ないので都合がよい。

▲ガムテープ貼り付け

ガラスは隅を割る

隅は力が入りやすいし、力の入れ加減が分かりやすい。手首のスナップでハンマーを振る程度で、ガラス下側の隅をたたくとよい。

力いっぱいでは割らないようにし、真ん中は避ける。ここに要救助者がいたら！

▲ガラスの隅を割る

▲力いっぱいに真ん中を割らない

5　チャイルドドアロック

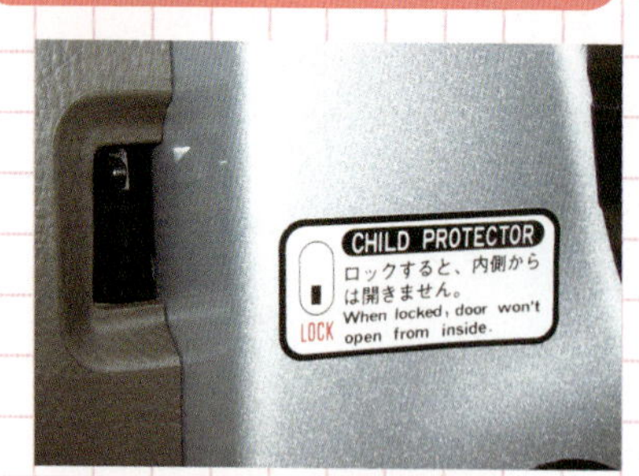

◀チャイルドドアロック

子供等が車内からドアを開けないようにする装置で、後部ドアに付いており、ドアを開けるとアクセスできる。

内側のドアハンドルのイタズラで、ドアが開くのを防ぐ装置で、チャイルドプロテクターとも呼ばれる。ドアロックとは別もので、外側からは普通に開けられる。

6　パワーウィンドウ

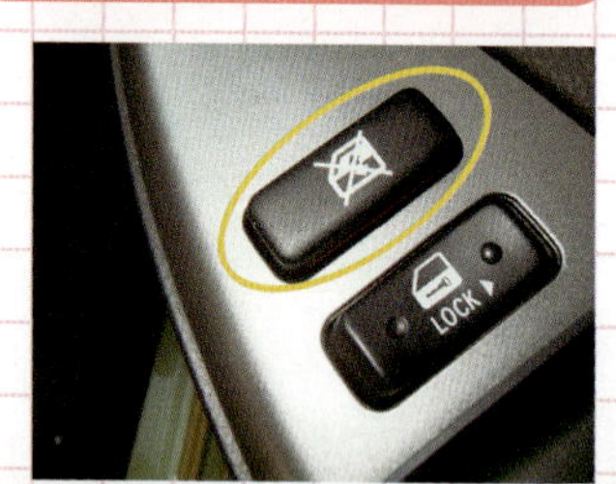

◀パワーウィンドウロックスイッチ

挟まれたときに自動的にガラスが下がる「挟み込み防止機能」が付いた車もある。

子供のイタズラを防ぐウィンドウロックスイッチが運転席に付いている。

▲パワーウィンドウの力

体の一部が挟まっているときには、運転席のドアスイッチを操作する。車によって後部ドアは、パワーウィンドウロックスイッチを解除しないと操作できない。

ガラスが下がらないときはガラスの上部にガムテープなどを貼って飛散を防止した上で、要救助者を支えてガラスを割るのが簡便で確実。

パワーウィンドウが閉まるときの力は、缶をつぶすほど強い。

7　電動スライドドア

後部スライドドアは、電動式が増えている。挟まれたとき自動的にドアが開く「挟み込み防止機能」が付いていても挟まれることがある。最後にしっかりドアやトランクを締めるオートクローザーが付いている車もある。

▲電動スライドドア

運転席にあるスイッチ▶

（1）体の一部が挟まっている場合

体の一部が挟まっているときは、運転席のドアスイッチを操作すればよい。OFFにすれば人力でも開くはず。要救助者の様子を見ながら開く。

（2）指を挟んでいる場合

オートクローザーが働いたドアやトランクに指などが挟まっている場合には、開ける方向にスイッチやハンドル、レバーを操作する。駄目な場合は挟まっている周囲をバールなどでこじ開けて隙間を作る。

8　バスの救助

バス事故が発生した場合、その救助は多人数に加え、構造が乗用車とは異なるため、救助活動はより困難を極めることもある。

(1)　ドア

①　ドアの開閉

バスの乗降用ドアは、運転席で開閉操作をする自動ドアとなっている。緊急時に車内から開ける非常コックが車内に、車に乗り込むための車外から開けるオープナーが車外にある。

外部ドア付近に設けられたドアオープナーのスイッチは、コックやノブなどを操作して手動で開閉ができる。外部からドアを開ける必要があるときに活用する。

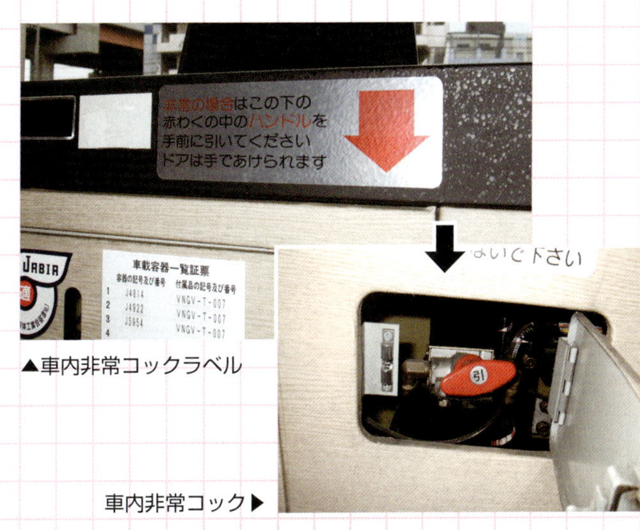

▲車内非常コックラベル

車内非常コック▶

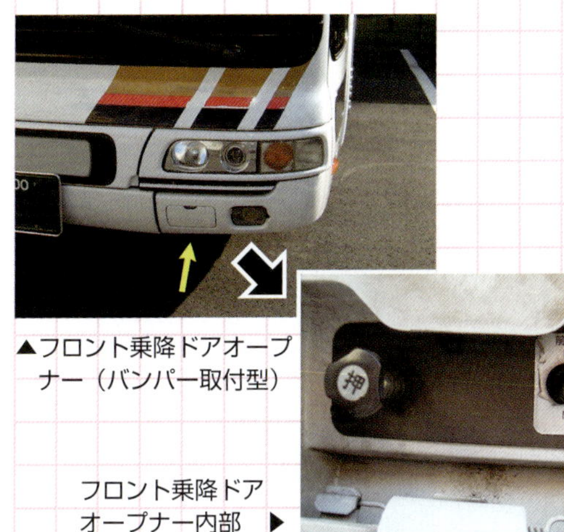

▲フロント乗降ドアオープナー（バンパー取付型）

フロント乗降ドアオープナー内部　▶

▲フロント乗降ドアオープナー内部（前面型）

側面乗降ドアオープナー内部▶

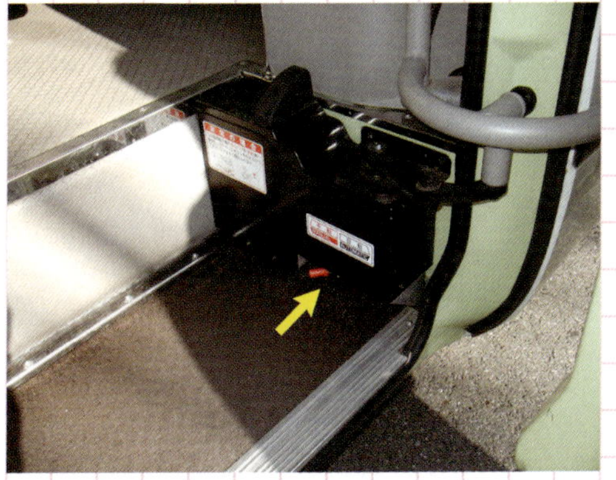

▲マイクロバス乗降自動ドア　→箇所のレバー操作で、自動と手動を切り替えることができる。

一般的なマイクロバスは、運転席と助手席の間の後部床下にエンジンがあり、後輪を駆動するFRタイプである。乗客は左側面にある乗客用乗降ドアから乗降し、運転者は運転席専用のドアから乗降する。

マイクロバスの乗客用乗降ドアは、電動自動式が一般的。車内の自動装置に付いた切替えレバーで、自動と手動の切替えができる。装置付近の床下に、車外から手動で操作できるオープナーが付いたものもある。

② 非常ドア

非常ドアは内部から開けるだけでなく、外部からでも開けることができる。

ドア開口部の高さは、低いものでも1m以上、乗客の座席位置を高くしたハイデッカー車などでは、1.6m程度とかなり高い。高齢者などの自力脱出は難しい。

救助時には、車内のシートの移動、外部に踏み台やハシゴなどのしっかりした足場が必要である。

▲非常ドア外部開放ハンドル　小さな透明の窓を破壊して、ハンドルを操作すればドアを外から開けることができる。

▲非常ドア開放状態　○印は、内部からの非常ドア開放ハンドル。

▲非常ドア（路線バス）

▲非常ドア（ハイデッカー車の観光バス）

（2）横転したバスからの救助

横転したバスからの救助の場合、大型バスの車幅は約2.5mあるため、ドアを開けたり窓ガラスを破壊して車内に入ったとしても、救出口が高すぎて要救助者を車外へ搬出することは困難。

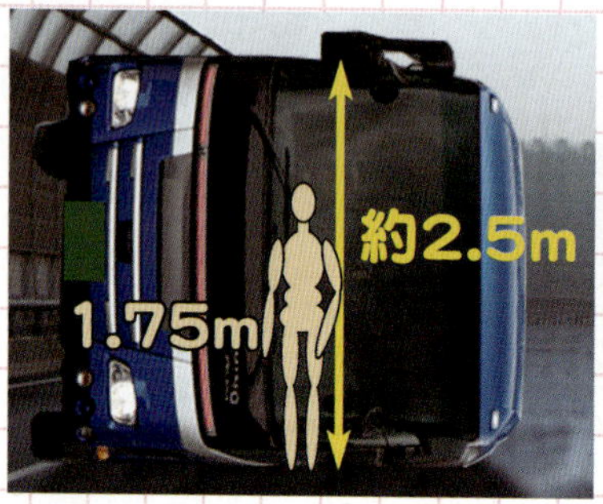

▲横転したバス

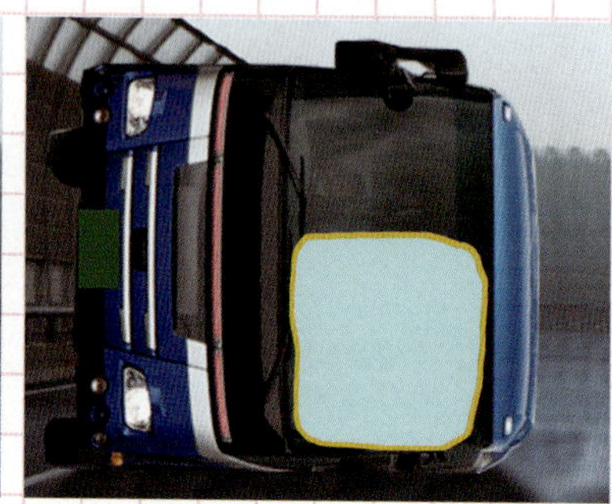

▲救出口のイメージ

フロントガラスを切断して開口部を作るのがベターだが、ガラスは非常に重いので要注意。切断後に切断面をテープなどで保護するといった安全対策を施した脱出口を確保する。

（3）燃料タンク

バスの燃料タンクは、外からは見えないが、前輪タイヤの後ろ側にある給油口付近に設置されている場合が多いので注意を要する。

▲バスの燃料タンクの位置

5 救助のための破壊

車の衝突安全性能は格段に向上しているが、このことが事故車の要救助者救助を困難にする場合もある。乗用車を中心にした車の破壊などの注意点について紹介しよう。

1 車両の変形の推移

▲オフセット衝突試験後の車　時速64kmでアルミハニカム製のディフォーマブルバリアに運転席側の40%を前面衝突させた車。実際の正面衝突事故に近い。

最近の車は、衝突安全性能が高く客室部の変形が少ないので、ドアは容易に開く。ドアが開かないときは、ドアを外して救出用の開口部を作る必要がある。

2 ドア等の切断・開放方法

（1）ドアの場合

ドアを支えるヒンジ部の切断破壊では、ストッパーや配線も切断。

配線を切るとき、ショートするとカッターの刃を傷めるので、バッテリーのマイナス端子を外しておけば安全。

▲配線やストッパーも切断

▲ストッパーと配線

▲フロントフェンダーをスプレッダーでつぶして隙間を作る。

ヒンジ部の切断は、フロントドアならフロントフェンダーのタイヤ部をスプレッダーで押しつぶして、ドア前端部に隙間をつくる。隙間をスプレッダーで開き、油圧カッターでヒンジを切断。

▲スプレッダーで隙間を広げる。

▲油圧カッターでヒンジを切断する。

▲ドアをバールでこじる。

バールなどでこじって、スプレッダーが入る隙間を作る方法もある。衝撃が小さいので、要救助者への負担が少なくてすむ。

鋼板プレス製ヒンジが一般的で、比較的容易に切断できる。
欧州車に多い鍛造製ヒンジは切断困難。

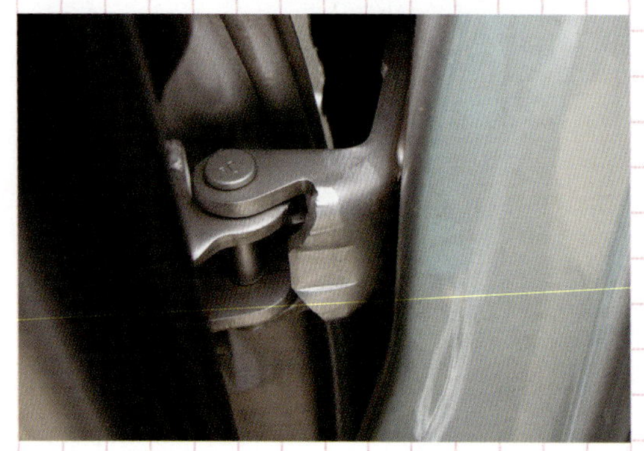
▲鋼板プレス製ヒンジ

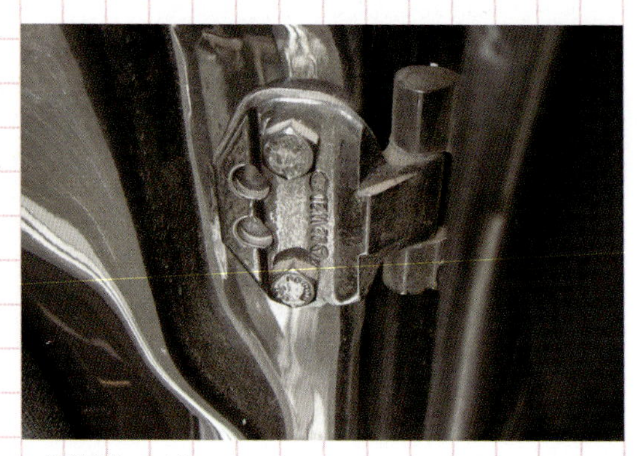
▲鍛造製ヒンジ

複雑な機構を持つヒンジは全て切断する。

リアドアは、フロントドアが開けばヒンジが見えるので、切断は容易。

▲複雑な機構を持つリンク式ヒンジ

▲リアドアヒンジ

いずれのドアも、ヒンジの取付ボルトに工具が届けば、切断よりもボルトを外したほうが早い場合もある。

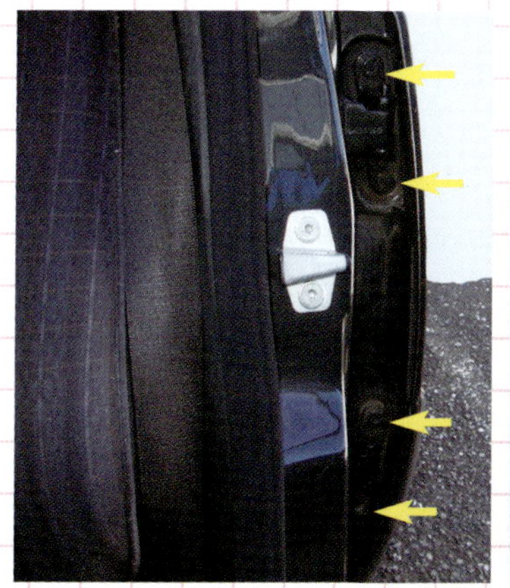

▲ヒンジのボルト

▲ボルトを外したヒンジ

ドアを閉めているキャッチ部の破壊は、ドア後端部をスプレッダーで開き、ドアラッチが噛んでいるドアストライカーを油圧カッターで切断するのだが、作業は大変。

▲一般的なドアストライカー（車体側）

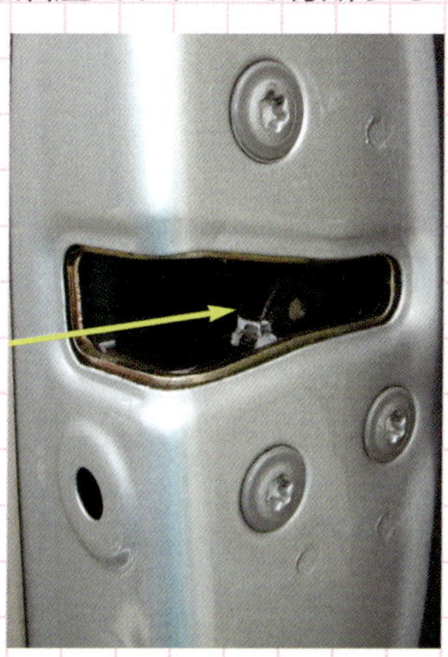

▲ドアラッチ（ドア側）

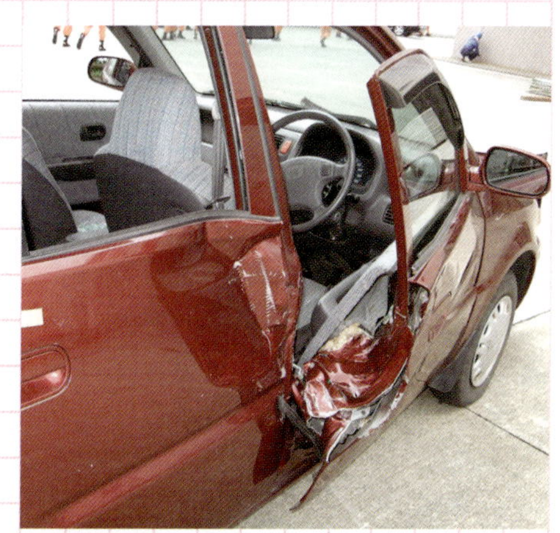

▲ドアストライカーを破壊した状態　ドアを破壊しないとドアストライカーに油圧カッターが入らない。

(2) ボンネットの場合

事故でボンネットロックが食い込んで外れないとき、ボンネットが「く」の字に変形していれば、その隙間から工具を使ってボンネットヒンジを外すか、ヒンジを油圧カッターで切断する。

そしてボンネット後部を左に大きく回すと外れる。

▲フロント衝突事故

ボンネットヒンジ▶

3 変形車両の引き出し

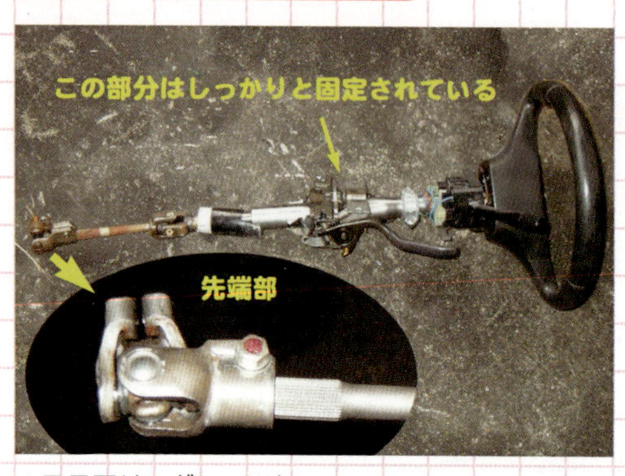

▲ステアリングシャフト

要救助者が挟まれている、あるいは空間が狭くて引き出せない場合は、その箇所の隙間を広げる必要がある。

ハンドルとシートに挟まっている場合、シートを後方に下げるとよいのだが、電動シートで電気系統に損傷があればこの方法は不可能。

ハンドルのチルトやテレスコピックを活用する手法もある。

ハンドルにワイヤーをかけて引き出す方法は、大きな力をかけるとステアリングシャフト先端部分が外れるおそれがある。

フロントピラー下部とハンドル付け根をともに引き出せば、それにつれてハンドルも移動するが、その際は車を固定する必要がある。

車の固定にはフックを使わず、後輪タイヤの取り付け部にワイヤーをかけて、重量のある車につなぐなどの方法をとる。

▲後部支持　○印の部分にワイヤーをかけて支えとする。

▲ピラーとハンドル付け根にともがけ

大型トラックの場合では、キャビンは整備時などに前方へ傾ける必要があることから、前方に支持部がある構造になっている。

支持部は衝突時に破損することが多く、要救助者が挟まっているとき、安易にキャビンを引き出すとキャビンごと動いてしまうおそれがある。

そこで、キャビン本体をワイヤーなどで、ボディ後方や他の車両などと固定しておく必要がある。

▲支持部

救助活動中の注意点

切断や破壊時には、ガラスなどの破片が飛ぶおそれがあるので、保護眼鏡をはじめとした安全装備を着用すること。

大きな衝撃は要救助者への負担が大きくなるため細心の注意を払う必要がある。切断面は必要に応じて、ガムテープなどで養生をする。

▲切断面の養生

4　車の引き出し

つぶれた車の引き出しや動かない車の移動、転落車の引き上げに、車のタイダウンフック（陸送時の固定用）や牽引フックは使わない。

大きな力をかける際に安全なのは、車輪と車体をつないでいるロアアームである。

▲ロアアーム　○印：ロアアームのタイヤ取り付け部。×印：タイダウンフック部。

▲牽引フック

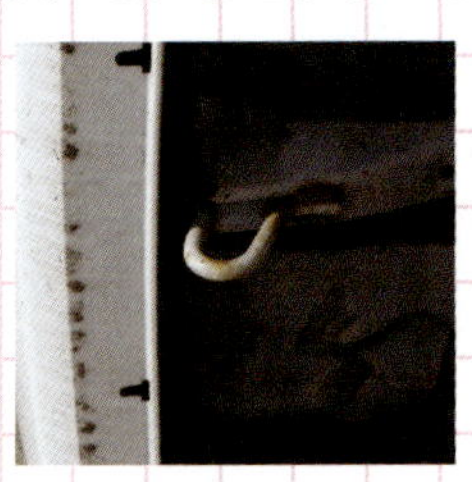
▲タイダウンフック

▲タイダウンフック

5 ピラーの切断

ピラーには高張力鋼板（ハイテン材）や超高張力鋼板（ウルトラハイテン材）といった硬い鋼板が使われ、屈曲部には補強材が入っている。屈曲部の切断は容易ではないので、切断に当たっては、ピラーの中央部あたりを切断する。最新のカッターでは切断可能。

▲切断しにくいピラーの付け根

▲フロントピラー中央部の切断

太いピラーは無理をせず、両側から切断する。

▲両側から切断

▲両側から切断

カーテンエアバッグ装備車は、フロントピラーあるいはリアピラーやセンターピラールーフ周辺にガスボンベが収まっている場合が多い。ガスボンベは頑丈で、油圧カッターでの切断はできないと思われる。切断しにくい場合、その箇所は避けること。切断した場合、高圧ガスは噴出するが、爆発するようなことはなく、また高圧ガスは無害なので人体への影響はない。

▲カーテンエアバッグマーク（フロントピラー）

▲カーテンエアバッグの表示例

▲カーテンエアバッグの位置（イメージ）

6 救助のためのジャッキアップ

救助の際に車を持ち上げる（以下「ジャッキアップ」）必要が生じることもある。

1 救助に使うジャッキの種類と特徴

（1）ガレージジャッキ

▲ガレージジャッキ →の箇所がキャスターや車輪。

ガレージジャッキは、修理工場などで使用されることが多く、油圧式である。車輪やキャスター部が軽く動くように、可動部へ注油するなどのメンテナンスが大切である。

（2）エアジャッキ

エアジャッキは、高圧空気で膨らませるジャッキで、マットタイプ、バレル（樽）タイプなどがある。突起物などがある場合は、保護マットの併用が必要。

▲膨張時のバレルタイプエアジャッキ

▲バレルタイプエアジャッキ使用例　狭いところで使え、上げ幅は大きいが不安定になりやすい。

▲膨張時の小型バレルタイプエアジャッキ

マットタイプは、高く上げることができないので、ダブルで使用したり、木材などを併用して隙間を小さくするなどの工夫が必要になる。上げながらパッキンで安全確保すること。

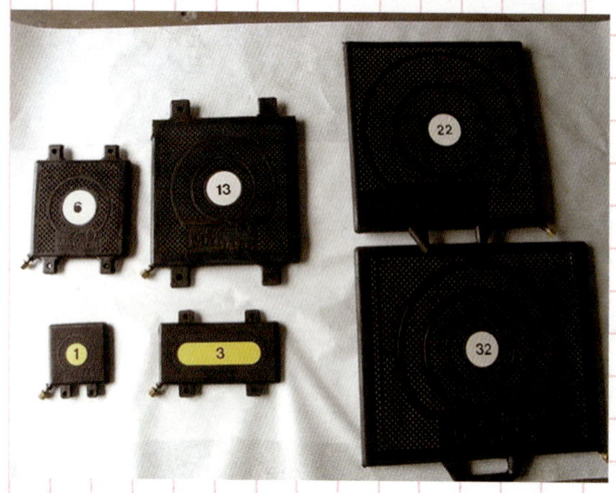

▲マットタイプのエアジャッキ

▲マットタイプのエアジャッキをダブルで使用

▲2枚のエアジャッキと木材を使用

▲エアジャッキと角材パッキンを併用

ジャッキアップ時の注意

絶対に避けなければならないのは、ジャッキが外れたり、持ち上げた車が下がってしまうといったジャッキアップの失敗。

スプレッダーをジャッキ代わりに使うのは、安定が悪いため危険。やむを得ず使うときは、エアジャッキなどを入れるための隙間を作る程度にとどめること。

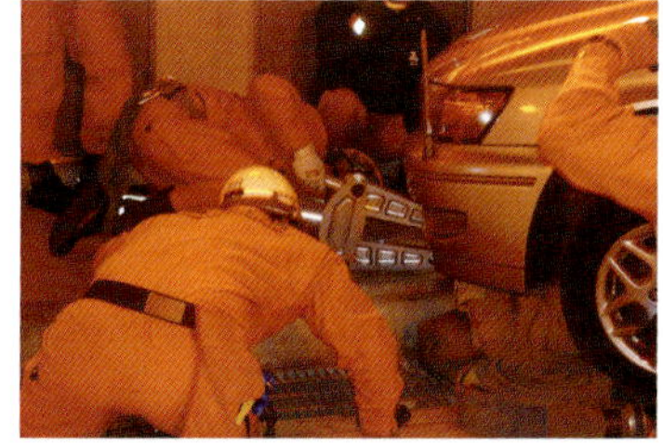

▲スプレッダーのジャッキアップ

安全策の第一は、ジャッキアップ前の車輪止め。ジャッキアップ箇所に対角するタイヤの前後に、車輪止めをしっかりと設置する。

▲車輪止め

要救助者の直近に、ジャッキをかけるのは避ける。救助の際邪魔になるし、ジャッキに要救助者が触れて、危険が生じることもある。

▲ジャッキの位置

なんらかのトラブルで車が落下するのを防ぐため、適宜角材などのパッキンをジャッキ付近に置くこと。

▲角材のパッキン

パッキンの設置場所は万一ジャッキが降下しても車がパッキンで止まるように考える。

▲使いやすい階段状のパッキン

2 クレーン作業

ジャッキ以外にもクレーン車で吊り上げる場合もある。
クレーン操作時は、フックの下に人がいないことを確認。
吊り上げはワイヤーが垂直に上がるようブームを調節。

クレーン車での吊り上げ▶

クレーン車で吊り上げる場合は、要救助者の位置により、前輪タイヤの後ろ側あるいは後輪タイヤの前側に、ワイヤーやベルトを通せば、ずれや外れるおそれはない。

▲前輪タイヤの後ろ側にワイヤーをかける

▲後輪タイヤの前側にワイヤーをかける

要救助者の上にタイヤが載っているとき、可能であればボディではなくタイヤを引き上げると、一気に救出できる。

▲タイヤ巻きのワイヤー（前輪）

▲タイヤ巻きのワイヤー（後輪）

▲車の滑り防止

横転車の引き起こしやジャッキアップ時は、車が滑って動かないようにする処置も必要。また、車が起き上がったとたんに動き出すおそれがあるので、起き上がったときのタイヤ位置付近に、あらかじめ角材などを置いておく。

7　水没車両からの救助

　ゲリラ豪雨の発生などによる道路冠水で車が水没する事故が発生している。車が海や川へ転落し、水没する事故もまま見られる。

　水没車救助要請の入電があっても、当然ながら即現場到着とはいかない。入電時に適切なアドバイスがあれば脱出できる可能性はある。

　ここでは、車が水没した場合の対処について記述するので、救助又は要救助者へのアドバイスの参考にされたい。

▲冠水路実験

▲岸壁（こうした場所から転落する事例もある）

1　道路が冠水している場合

▲排気口の高さの例

　車はどの程度の水深まで走れるかという質問を受けるが、もともと車は水の中を走るようには設計されていないので、究極は止まるまでというしかない。

　タイヤが隠れる程度までの水深であれば低速での走行は問題ないと思われるし、冠水区間が短距離の場合、マフラーの排気口を塞がない程度の水深（20㎝程度）であれば、通過できる可能性が高い。

　いずれにしても通過するときは速度を低くしてエンジン回転を高めにするとよいので、ギアを低速位置にする。

2 立ち往生したら

▲ドアにかかる水圧のイメージ

冠水路でエンジンが停止して立ち往生したら、エンジンの再始動を試みて、運良くエンジンがかかれば、来た方向へ引き返す。

再始動できない場合は、シートベルトを外して車を降り、徒歩で来た方向へ引き返す。

水位が車の床よりも高い冠水路で停止した場合は、車内にも水が入ってくる。車内の水位が水深より低い場合は、ドアに水圧がかかり開けにくくなる。

車内の水位がドアの外の水深と同じような場合でも、いつもと同じようにドアは開かないが力を入れてゆっくり押せば開けることができる。

流れのある場合、車の前方や開けようとするドアに向かった流れであれば、ドアはさらに重くなる。

ドアが開いたらすぐに脱出する。足を取られないように注意しながら安全な場所まで移動する。水が膝近くまであったり流れの速い場合は、足をすくわれることがあるので要注意。

3 水深が深い場合の脱出方法

アンダーパス（立体交差や鉄道の下を通る道）やスリバチ状の道路などは、冠水してしまうと水深が分からない場合が多い。

水深が深いと車は浮いてしまい、ドアが開かなくなることもある。

▲冠水路実験

▲冠水路実験（水深が深い場合）

▲緊急脱出用工具でベルトを切る

シートベルトを外すことが先決であるが、体も前傾しているのでベルトに力がかかり、ベルトは外しにくい。足を踏ん張り、手で支えて上半身を起こし、ベルトを外す。

外れない場合でも、緊急脱出用工具があれば簡単にベルトを切ることができる。

海のように水深が深い場合、乗用車やワゴン車、バンなどは、重いエンジンのある前部が沈み、後部が浮き上がった前傾姿勢となるが、すぐに水没することはない。

▲着水の瞬間

▲着水直後

▲着水直後のイメージ（車内に浸水なし）

車が浮いている場合、外からの水圧でフロントドアは開かない。パワーウィンドウも電気系統のトラブルが起きて下がらないこともある。

こうした場合でも、リアドアはあまり水に浸かっていないので開く可能性はある。

4　ガラスを割って脱出

水に浸かっている運転席や助手席のガラスを割ってはいけない。割るとガラスの破片と水が一気に車内に入り込むので、脱出しにくく沈没速度が早まる。ガラスを割るのは後部ドアかリアガラスにする。

▲着水後、約1分

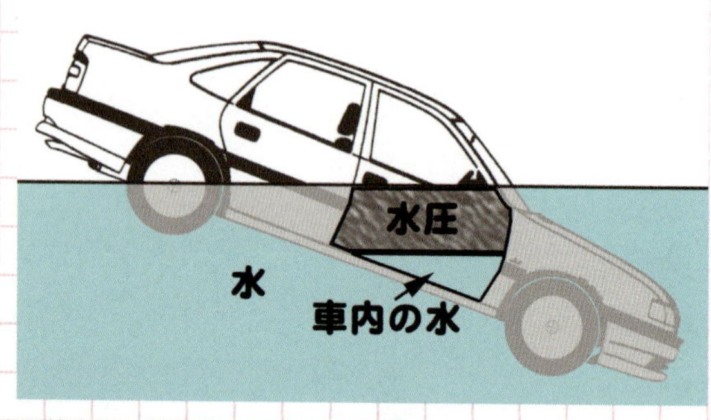

▲着水後、約1分のイメージ（車内に浸水）

▲リアゲートインナーハンドルの例

リアゲートが車内から開けられるタイプなら、ここを開ければ容易に脱出できる。ただし、前傾しているので開けるには力がいる。

▲サンルーフ開放

電気系統のトラブルが起きて開かないこともあるが、サンルーフ車ならここが開けば容易に脱出できる。

平ボディのトラックは後部が沈み、積み荷によってはすぐに沈没することもあろう。保冷車や冷凍車、アルミバンタイプは浮力によりすぐに沈没はしないであろう。ドアガラスを割れば脱出の可能性は高まる。

5　ガラスとハンマー

▲緊急脱出用工具

全ての車のフロントガラスは合わせガラスだが、それ以外は強化ガラスの車が多い。

緊急脱出用工具を用いれば、車内からでも強化ガラスを一瞬にして破壊することができる。両端に突起のあるものは緊急時でも迷うことなく使用できる。

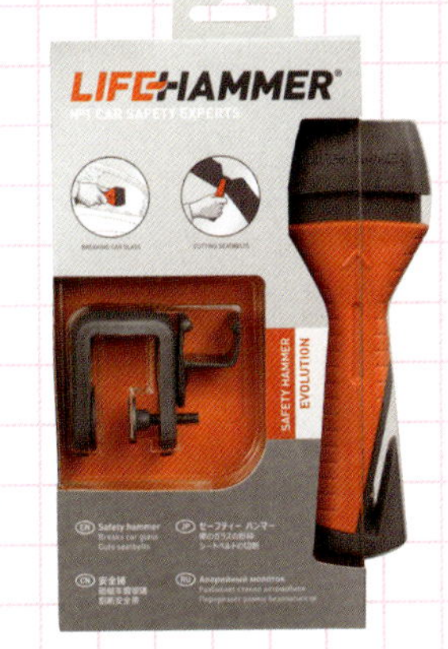

▲ポンチ式緊急脱出用工具

押し付けるだけでガラスが割れるポンチ式は、扱いやすく携帯にも便利。

いずれもシートベルトを切るカッターが付いており、ベルトに刃をかけて引っ張れば、簡単に切断できる。

◀内側からのガラス割り（ハンマーが当たった瞬間）

▲内側からのガラス割り（ガラスは砕ける）

▲外側からのガラス割り（隅をたたくとよい）

小銭やパチンコ玉などを、ポリ袋や靴下に入れたりハンカチなどにくるんでガラスに打ち付ければ割れるというが、試しても割れない。

条件が合えばガラスが割れることもあるかもしれないが、命を守るものに代用品はないと思った方がよい。

6　最後のチャンス

沈没状態になれば、水位差は小さくなり水圧も小さくなる。残りの空間で息を吸い込んでから、ドアを押し開ける。水の抵抗で重いが、ゆっくり押せば開けられる。

車内が水に浸かると、ドアインナーハンドルやドアロックノブなどの位置が分からなくなる。水が入る前にドアロックを解除し、ドアインナーハンドルの位置を確認しておく。

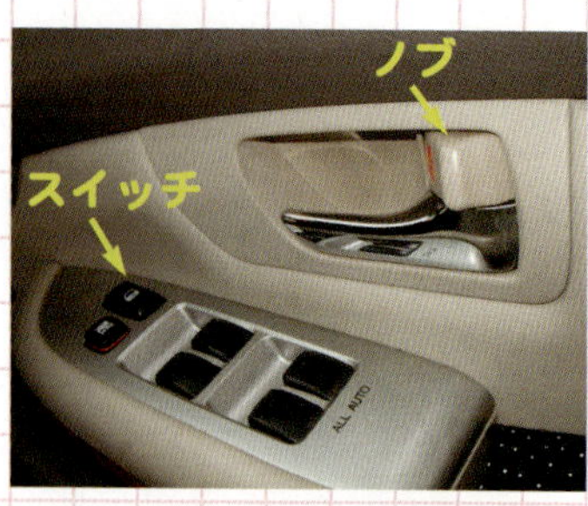

▲インナーハンドルの位置

7　救助の現場

現場到着時に車が浮いていれば、救助中に車が沈まないようにすることも必要になる。こうした場合などに使用する水中用エアバッグ（浮き袋）もある。

海や川、池などで水没した車は、着水地点から離れたところに沈没している場合が多く、発見が困難なことがある。それは、浮いている間にかなり前進し、斜め前方に沈んでいくからである。

▲水中用エアバッグ

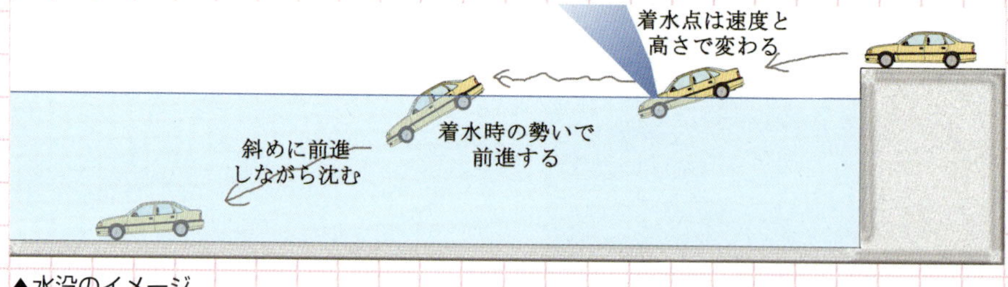

▲水没のイメージ

路面から水面までの距離や落下時の速度などによっては、車が前転して逆向きになることもある。潮の満ち引きや川の流れがあると、沈没地点の推測は難しくなる。水底では水面の流れとは逆の流れをする場合もあるという。

8　HVやEVの水没

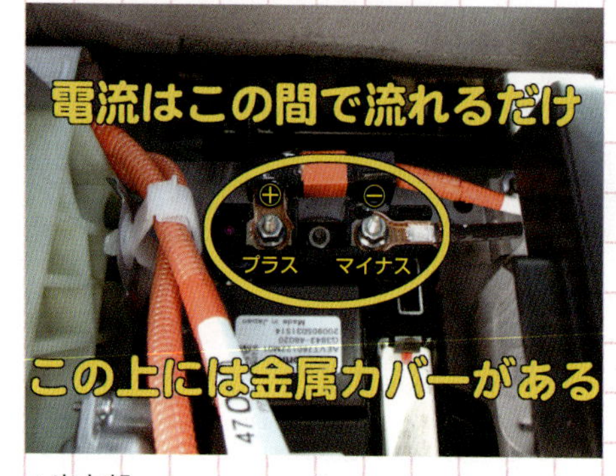

▲出力部

水没や冠水した場合でも、外部に電気が漏れ出すおそれはない。異常な電流が流れると電流は遮断される。

駆動用バッテリーのプラス、マイナス端子が水没しても、その間の水に電流が流れるだけで外部に電流が漏れ出すことはない。

海中に水没したHVの車内を探索したダイバーからも、感電などの報告はない。

今後販売されるHVやEVはさらに進化して、安全面への配慮も進むと思われる。情報の収集は欠かせない。

第3章　消火活動

車両火災の現場では消火が最優先なことはいうまでもないが、そのほかにも行わなければならないことがある。また、消火の後は原因調査が必要になる。

1 現場到着時の対処

～現場は様々～

路上では、交通規制や他の交通への配慮が必要である。

駐車場では、周囲の車への延焼防止策をし、建物のそばでは、建物火災につながらないようにする。

危険箇所への立入り制限を行うなど、火災車両の消火だけではすまないことが多い。

1 車輪止めの設置

▲車輪止め

気が動転した運転者が、パーキングブレーキなど車が動かないよう確実な処置をしたかは不明である。

タイヤが燃えていれば動き出す心配はないが、傾斜地などで４輪とも正常な場合には、車が動き出す危険がある。土嚢（のう）や金属製の車輪止めなどを設置しておけば、安心して消火活動ができる。

2 関係者の確保

現場には、火災の様子を知っている人がいることも多い。目撃者は現場を去ってしまうこともあるので、消火と並行して情報収集をし、連絡先を聞いておく。

3 写真撮影

火災車両は、消火後よりは到着時のほうが原形をとどめているであろうし、火勢の状況なども原因究明に役立つことがある。

現場到着時にも写真撮影をしておく。

2 消火作業

車には燃料やオイル類など第４類危険物の石油類に含まれる液体が搭載されている。タンクなどが破損すると流出して火勢が強くなるので注意しよう。

1 消火は慎重に

車は建物に比べればはるかに小さいが、機器類が密集しており、可燃物が凝縮している。

高圧の直噴水をかけると、出火原因の可能性がある部分や脱落した部品などが吹き飛ばされてしまうおそれがある。

▲噴霧注水

消火後の原因究明が難しくなったりすることがあるので、現場保存を考えて放水圧力に注意し、噴霧注水で冷却しながら消火する。

▲噴霧注水

噴霧の開き具合は、消火箇所により使い分けるようにすれば効率よく消火ができる。

風向きを見極めて、危険のない方向から放水をする。風向きの変化や激しい車の燃焼などで、炎の向きが突然変わることもあるので細心の注意が必要。並行して写真撮影を行えば、風の影響などの参考になる。

2 燃焼箇所を的確に狙う

高速道路上のように水利の悪いところでは、タンク車の水に頼らなければならないので、むやみに放水を続けると消火しきれないこともある。状況によっては、泡消火も必要である。

▲放水

火災の初期であれば延焼も少なく、出火源周辺のピンポイント消火ですむ。

延焼が拡大していると、小さな車といえども消火のポイントが定まらないこともある。噴霧注水で全体を冷却しながら、火勢の強いところを見定めて集中放水するとよい。

車の構造や、可燃物の位置を知っておくことも必要である。

3　燃料タンクの位置を把握する

車両火災で一番気になるのは、ガソリンや軽油の入った燃料タンクではないだろうか。

乗用車の場合は、追突事故などで燃料タンクが破損するのを防ぐ意味合いから、後輪前のリアシート下付近に位置することが多い。

近年では、鉄製の燃料タンクに代わり、プラスチック製の燃料タンクを使っている車が増えている。

▲FF車の燃料タンク（プラスチック製）　後輪の前側に配置されているが、プロペラシャフトがないので底面はフラット。

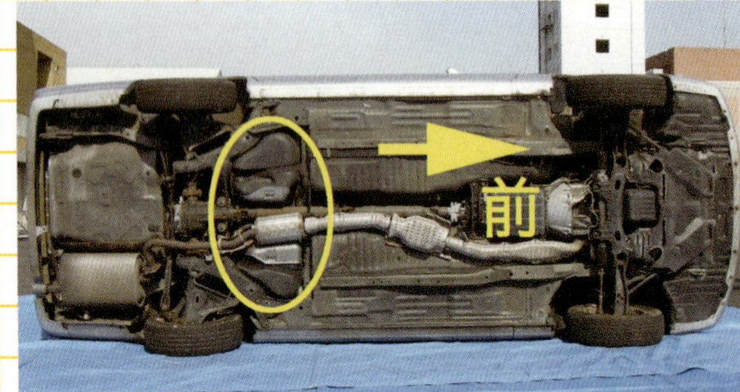

▲FR車の燃料タンク（プラスチック製）　後輪の前側に配置されている。中央にプロペラシャフトなどの逃げがある。

ホンダ車のように、前席の下に位置する車もある。

◀前席下の燃料タンク（プラスチック製）
前席の床下いっぱいに配置されている。
排気管はタンクの右側を通る。

給油口と燃料タンクが、ゴムホースでつながれている車も多い。

◀ガソリンタンクゴムホース

ゴムやプラスチック製タンクが燃焼すると、焼損部からガソリン蒸気や流出した燃料が燃えて、火炎はさらに大きくなる。

◀流出ガソリンが燃焼

数多くの車両火災実験で自然鎮火するまでを観察したが、燃料タンクが爆発する現象は起きたことがない。

▲ガソリンタンク最後の火　可燃範囲のガソリン蒸気が存在する位置で燃焼している。

軽油を燃料とするトラックが全焼しても、燃料タンクには爆発を示す痕跡は見られない。ただし、給油口からあふれたり噴出した軽油が燃焼した強い焼損の痕跡は存在する。

▲全焼後の大型車燃料タンク

バスなどでは、前輪の後部の給油口付近に燃料タンクが位置している場合が多い。

▲バスの燃料タンクの位置（イメージ）

4　タイヤの燃焼と破裂に注意

▲タイヤの再燃

タイヤの燃焼熱は大きく、燃え出すと周囲のものへと延焼が拡大する。鎮火したようでも内部に残った熱で再燃することがあるので十分に冷やすこと。

▲タイヤ重点の噴霧注水

タイヤの燃焼や外部からの加熱によってタイヤ内の空気は膨張し、ついには熱で弱くなったタイヤが耐えられなくなり破裂する。破裂音は最も大きい音といえる。

なお、大型車のタイヤは、大きい上に空気圧が高いので、破裂するとかなりの量のゴム片が飛散することもあるので要注意。離れた位置から直噴で放水して冷却消火すると安全。

▲タイヤ破裂直前　→　▲タイヤ破裂　タイヤから噴出した空気で前方に炎が拡大。

5　再燃焼に注意

▲全焼した大型車キャビン

トラックやバスなどでもプラスチックバンパーを使用しているし、周辺の部品もプラスチック製である場合が多く、強度が必要なところはFRPが使用されている例もある。

▲ワイヤーハーネス（配線類）

こうした部品類は厚みがあるので、燃焼すると長時間燃えていることもある。タイヤと同様に溶融したプラスチックの固まりは、鎮火後に十分に冷やさないと再燃することがある。

配線類も太い束になっているところは、再燃のおそれがあるので、十分に冷却しておく。

6　流出液体による燃焼に注意

▲流出液体による燃焼

燃料以外にも、配管の焼損、アルミニウムやプラスチックのタンクが溶融するなどで油脂類が燃焼することがある。

路面に傾斜があると、流出した燃料や油脂類が、火のついた状態で流れる。土嚢（のう）などでせき止め、燃えている車両側を消火すれば効率的である。また、流失した燃料や油脂類、特に火のついたものは側溝へ流れないように配慮しなければならない。

高速道路等の高架になっている場所で火災になり、流出した燃料等が高架下へ流れ落ち、高架下で延焼拡大した事例もある。

3 爆発・破裂音やその他の音

▲飛んだダンパー

車両火災では、タイヤ破裂音のほかにも、様々な音がすることもある。

エアコンのゴムホースが焼損すると、内部の高圧ガスが噴出する音がする。

また、ハンドル周辺の焼損に伴ってスイッチが溶融すると、クラクション、ヘッドライト、ウィンカー、ワイパーなどが作動したりする。

バッテリーの中で発生する水素に引火すると軽い破裂音がする。

セルモーターが始動すると、マニュアル車は車が動き出すこともあるので要注意。土嚢（のう）や金属製の車輪止めを設置しておけば効果がある。

サスペンションやリアゲートなどのダンパーが加熱されると、内部のガス圧が上昇して破壊する。多くは破裂音だけだが、リアゲートのダンパーが飛んだ例もある。

燃焼実験中にキーが抜いてあるのにエンジンが始動した例もある。

MT車はニュートラル以外、AT車でもギア位置がN、P以外であれば走り出す危険がある。

車内に置いてあったスプレー缶が破裂して、車外に飛び出した例もある。

エアバッグのガス発生剤は、熱によっても作動する。バッグが燃えてからならガスの噴出ですむのだが、バッグが残っていると、燃え残りのバッグが破裂音とともに車外に飛び出すことがある。

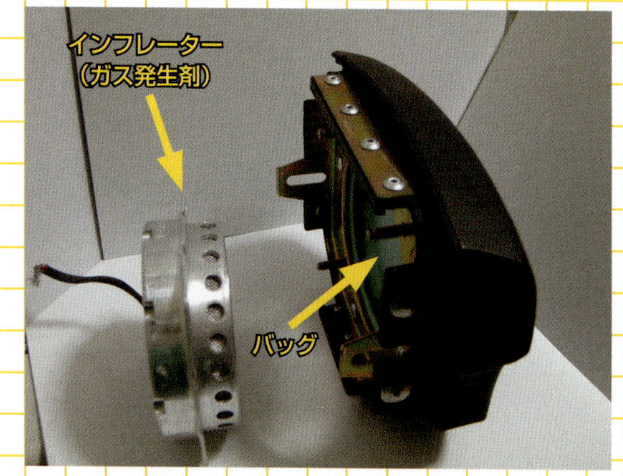

▲分解した運転席エアバッグ　インフレーターで発生したガスが、右側の中に折りたたんで収納されているバッグ（青色部）を展開させる。

▲飛び出したエアバッグ

このほかにも様々な音がすることもあるが、大きな危険はないといえる。

4　鎮火後の処置

鎮火後の見分も、発生場所に適した方法が必要になる。

1　鎮火後の処置

完全鎮火したらバッテリーのマイナスターミナルを必ず外す。燃えたバッテリーでも電気エネルギーはあるので、焼損した配線から再度火災が起きる危険がある。

▲マイナスターミナル外し

外したバッテリーターミナルが元の位置（バッテリーポスト）に触れないようにしておけば、バッテリーターミナルなどを絶縁する必要はない。

▲マイナスターミナル格納

バッテリーターミナルが外せない場合は、その付近のマイナスケーブルを完全に切断してもよい。この箇所のマイナスケーブルからの出火は考えられないので、切断しても後の原因究明の妨げにはならない。

バッテリーは車種（外国車に多い。）によっては、後部トランクや座席下にあることもあるので、注意するとともに事前に研究しておこう。

2　実況見分

発生場所に適した対応をとる。

（1）　道路上の場合

消火作業中は関係車両も多く広範囲の交通規制になる。鎮火後は、関係車両も少なくなり規制も縮小する。

通行車両の安全を図ることはもちろんだが、作業をする隊員の安全も忘れてはならない。

▲交通規制

▲鎮火後の火災車両

▲鎮火後の規制

一般道路、高速道路にかかわらず、長時間の現場保存は難しく、早急に火災車両の移動手段を講じなければならない。

（2）　駐車場などの場合

立入禁止区域をカラーコーンやテープなどで設定することになるが、他の駐車車両への影響がなるべく少なくなるよう配慮する。

▲立入禁止

▲立入禁止区域

（3）　建物に隣接した駐車場の場合

火災が、建物に隣接した駐車場で車だけならば、火災車両周辺を立ち入り禁止にすればよい。建物が延焼した場合は、当然ながらそちらも立入禁止区域にする。

5 鎮火後の証言

当事者をはじめとした関係者はもちろんだが、周囲の第三者の証言が後々の原因究明に役立つこともある。

1 当事者や周囲の人などの証言

火災の状況を最もよく知っているのは当事者である。同乗者がいれば、その人たちからの証言をとっておく。

周囲にいた人たちや走行中の火災であれば後続車のドライバーなどの証言も大切である。

目撃証言は後々必要なこともあるので、必ず状況を聞くようにしたい。

なお、こうした証言者の連絡先なども同時に控える。

☞走行中の火災の場合は、運転者や同乗者が火災に気づいた場所、煙、異臭、火の気などの何に気付いたかなどが重要になる。

☞駐車場などで無人状態の車が火災を起こした場合は、いつ頃から止めていたか、今までにいたずらなどの被害や不審者の情報はなかったかなども重要。

☞防犯カメラが設置されていれば、管理者の了解をとって、映っている範囲の確認をし、火災発生時前後の映像を確認する。

☞発見者や119番通報をした人などから、煙、異臭、火の気などの何によって火災に気付いたかなどを聞いておく。

☞煙の色や発煙箇所、異臭の感じ方、火の状況やその位置、爆発音の有無などを詳しく聞く。発見から消防隊到着までの延焼の仕方などについても聞いておけば後々の参考になる。

☞走行中であれば運転者、駐車中であれば車の持ち主（多くは運転者）から、その車の点検整備や修理の状況、燃料やオイルの補給状態といった車の整備履歴を聞く。

☞エンジンの始動状態、出火前の異音や振動、力不足、違和感、臭いなどの有無、電装品の使用状況（ライト、エアコンなど）、警告灯の点灯やメーターの異常の有無といった車の状況についても可能な限り聞く。

☞火災発生に気づいて避難するときエンジンを停止したか、あるいは駐車中であればエンジン稼働の有無なども必要。ライターなど車内での火気使用の有無、喫煙状況などについても聞いておく。

☞本人が仮眠していたなどで過レーシングの疑いがあるときは、周辺の人たちからエンジン高回転の音がなかったかなどの証言が重要なポイントになる。エンジン音は車内では気付きにくいが外部ではよく分かる。

☞メーターの針や表示は、「上・中・下」、あるいは「左・中・右」のような位置関係も聞いておくと誤解がない。

▲計器板の警告灯やメーター

▲デジタルメーター

さらに、走行速度やギアの位置、エンジンの回転、走行時間、走行経路といった運転状況についても分かる範囲で聞いておく。

☞無人状態の車からの出火の場合、周辺の人たちから異常な音に気付かなかったかなどの証言も重要なポイントになる。

様々な証言が出てくるはずだが、運転者は自分の不利になることは隠す傾向にあるといえる。また、運転者を含め証言者全ての証言が正しいとも限らない。証言から合理性を見いだして原因究明の一助とするようにしたい。

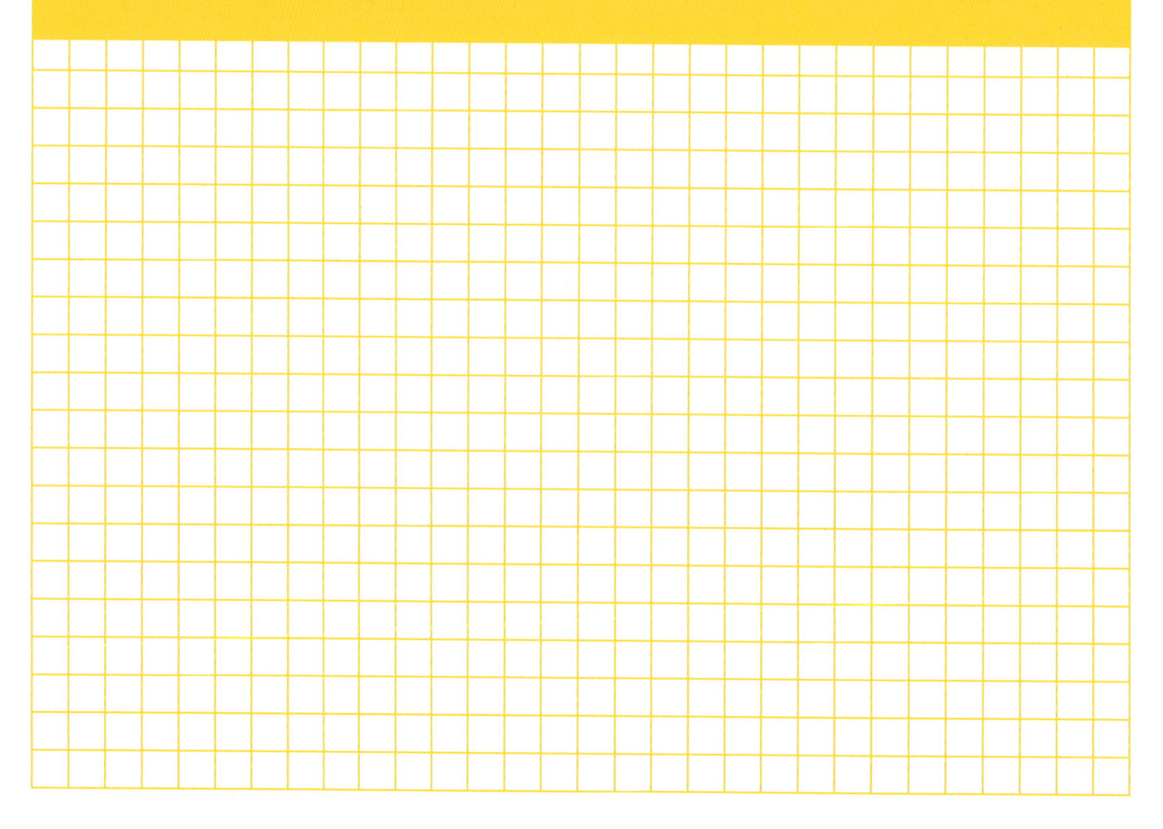

6 火災車両の移動

火災後の車両を移動するためには、レッカー車や車積載車、燃えの状況によってはクレーン車などが必要になる。火災車両の状態を的確に判断して必要な運搬手段を講じよう。

1 運搬手段

▲鎮火後の車両

火災車両の全てのタイヤが残っていればレッカー車や事故車を扱っている車積載車で対応できる。

前後どちらかのタイヤが2本とも残っている場合はレッカー車、あるいは事故処理なども行っている業者の車積載車であれば対応は可能。

全てのタイヤが焼損しているときは小型クレーンが付いたトラック（通称：ユニック車）が必要。あるいは、クレーンやフォークリフトでトラックへ積み込む。

火災車両の状態（特にタイヤの焼損状況）を的確に伝えて移動が可能かどうかを確認する必要がある。

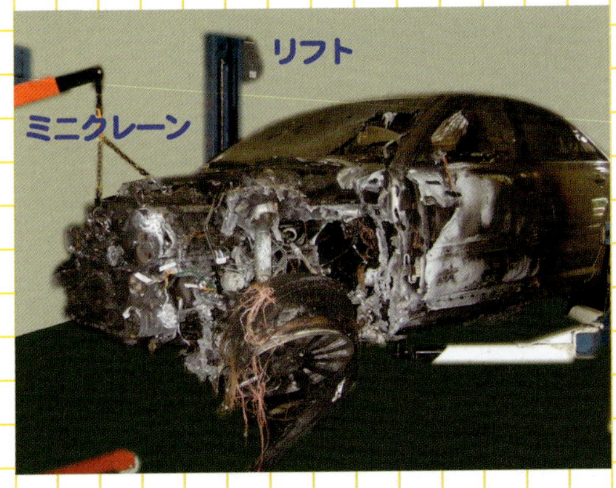

▲アルミボディ車のリフトアップ

アルミボディ（フレーム）の車は、焼損がひどい場合アルミニウムが溶けて車が一体でなくなっている場合もある。原形を維持する搬送の積み込みには複数のクレーンが必要になることもある。

乗用車の移動は比較的簡単だが、トラックなど大型車はそのメーカーの緊急サービスなどに連絡を取り、移動の要請をするのがよい。

いずれの場合も、当事者に対して移動にかかる経費負担の了解を取る必要がある。

2　移動時の確認

（1）　移動前

火災車両の下や周辺には残渣物があり、溶けたアルミニウムが流れ出していることもある。残渣物の中には、火災の原因になる物が存在しているかもしれないので安易に清掃や廃棄をしない。

▲溶けたアルミニウム

鎮火後の火災車両を全周囲から写真撮影をすることはいうまでもないが、車両撤去後にタイヤの位置が分かるように目標物を置く。

▲タイヤの位置

(2) 移動後

車両撤去後に目標物を戻して写真撮影をするのだが、鎮火後と同じようなポジションで撮影すれば後での比較が容易になる。

路上の残渣物が原因調査で、必要になることもある。どこのものかが分かるようにロープなどで区画をして、記号札とともに撮影する。それぞれの区画内の残渣物は、記号を記した袋に入れて持ち帰る。

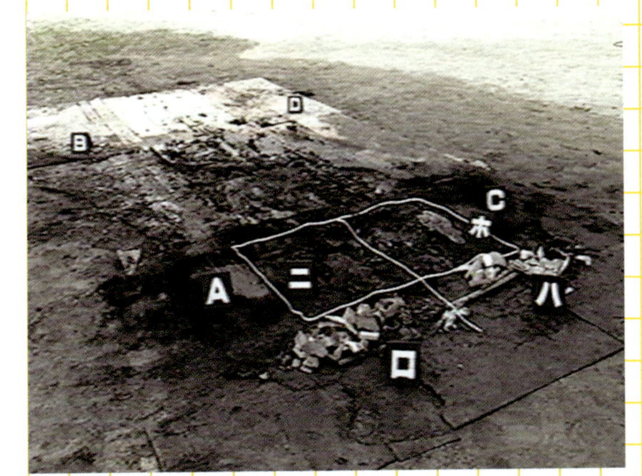

▲火災車両の跡

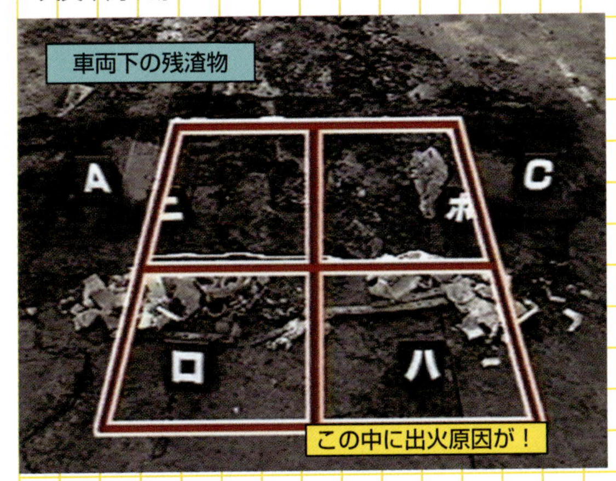

▲ロープで区画（エンジン直下の例）

プラスチック類の溶融物に、何かが埋もれていることもあるので保管する。大きい場合は撮影後に分割する。

▲大きな残渣物

放火の疑いが出たとき、保管中の出火箇所に相当する残渣物の中に異物が発見できればその証拠となる。

車両をレッカー車やクレーンなどで吊り上げたときは、車両底部の撮影をする絶好の機会。必ず撮影するようにしたいが危険防止のため車両の下部には入らないこと。車両下部の見分が必要と判断すれば、車両保管場所の修理工場やスクラップ置き場の協力を受け、安全管理を徹底し、車体下部の見分を行い写真撮影をする。

▲底部の撮影

▲吊り上げ時底部の撮影

3　ボンネットを開ける

火災車両はボンネットを開けるのが困難。多くはこじ開けたり、切断という手法で開けていると思われるがそれ以外の方法もある。

開け方その1　ワイヤーを引っ張る

▲外部からボンネットを開ける

ボンネットの右前側に、ボンネットロック解除用のワイヤーが通っている。焼け残っている金属製のワイヤーを右前側に引っ張るとロックが外れる車もある。

開け方その2　ボンネットロックを外す

ボンネットロックを止めているボルト（あるいはナット）で多くは3か所を全て外せば、ロックが付いたままボンネットは開く。ボンネットワイヤーが連結されているので、外すか、切断する。

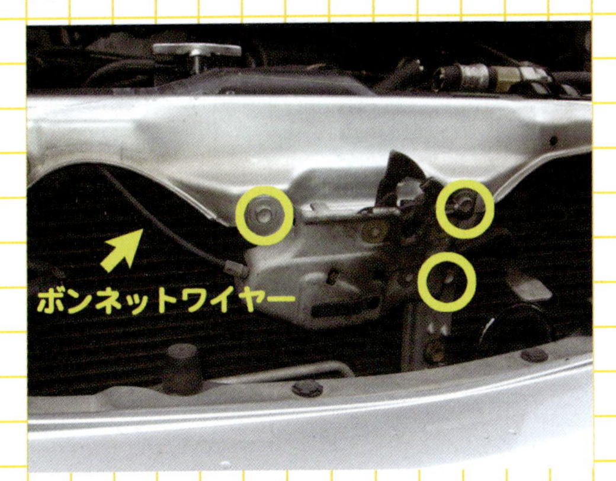

▲ボンネットワイヤーとボンネットロック

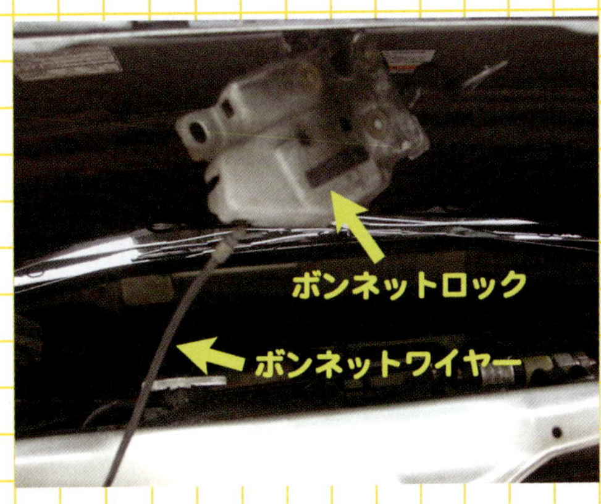

▲ボンネットロック

▲ステーをかける位置

ステーが残っていれば、所定の位置（多くは矢印がある）にかける。違うところへかけると、風や体がぶつかるなどでボンネットが浮き上がると、ステーが外れて落下する危険がある。

なお、整備時などにボンネットが大きく開くよう、通常位置よりも奥の別位置にかけることができる車もある。

▲ガスダンパー式　ガスが抜けると役に立たない。

ガスダンパーやスプリングで自動的に支えるタイプのものは、その機能を失っていることが多い。そのため、倒れないように立てた棒などでボンネットを支える。

ステーが破損しているときも同じ。

▲スプリング式　焼きナマされたスプリングは役に立たない。

▲しっかりした棒　倒れないように立てる。

▲ボンネットヒンジ　多くは左右とも２か所のボルト（あるいはナット）で固定されている。すべてを外せばボンネットが取り外せる。

ボンネットを開けた後に、ボンネットヒンジを外せばボンネットがなくなり、エンジンルームの検証は楽になる。

第４章　車両火災

1 原因究明

一口に車両火災といっても、出火場所だけが焼損しただけのものから、可燃物がすべて焼失してしまうものまで様々である。

1 焼損の範囲

（1） 焼損が部分的な場合

出火場所付近だけで自然鎮火した場合や、消火が早く焼損が部分的な場合は、焼損部分の焼けが強い箇所が出火場所と考えてほぼ間違いない。

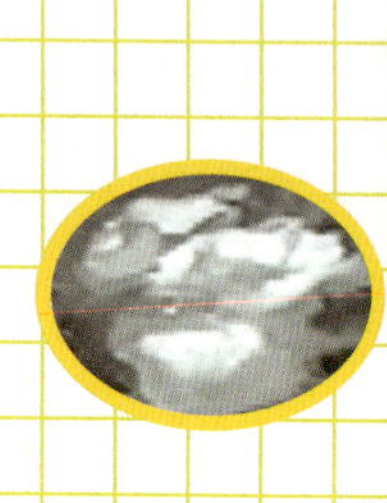

▲部分焼け　焼けの強い箇所が出火場所と考えてほぼ間違いない。

ココがポイント！

- 出火場所に車両自体からの出火が考えられる場合は、重点的に調査する。
- 電気系統であれば配線だけでなく、ファンモーターなどの電気部品や制御基盤などの電子機器があり、過熱やショート、トラッキングなども考えられる。
- 高温化する排気系統では、触媒をはじめとした周辺可燃物の焼損、スポット的には排気系統を支えているO（オー）リングなどのゴム製品である。
- ライターなどの着火器具の誤作動や不良などによるものや、放火による可燃物の部分焼損もある。

（2） 焼損が広範囲に及ぶ場合

▲全焼　全焼でも何らかの痕跡が残る。

出火から時間がたつと焼損は広範囲に及び、最悪の場合は可燃物のほとんどが燃え尽きてしまう。こうした場合でもボディ表面に残された焼けの方向などの痕跡から、エンジンルームからの出火か車内からの出火かなどをまず判断する。

▲車内

▲車内

▲エンジンルーム

ココがポイント！

☞全焼であっても原因究明をあきらめてはいけない。火災車両には何らかのヒントになる痕跡が残されているはずである。火災車両の外板や周囲、車内、エンジンルームなどをじっくりと観察。

☞火災の発生場所がエンジンルームなのか、車内なのか、あるいは床下なのか、タイヤの周辺なのかなど、大まかな見当をつける。

☞塗装は何重にも塗られているので、焼けの程度によって残された痕跡が変わってくる。焼損によって波状の跡が残ることもある。焼けの方向をつかんで出火場所をある程度絞り込むことができる場合もある。

▲何重もの塗装　鉄板の下地処理から亜鉛メッキ、その上に何重もの塗装がされている。

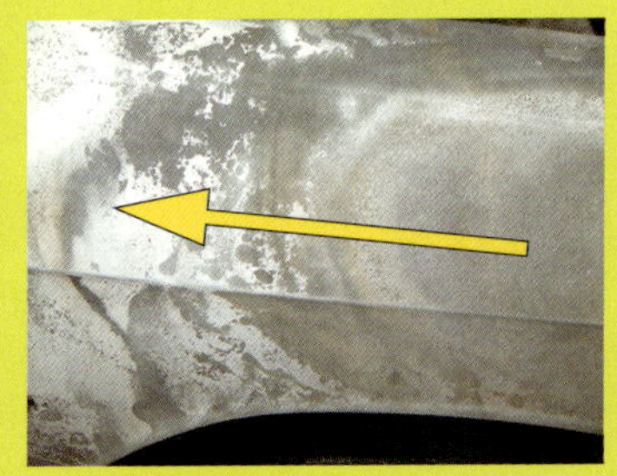

▲塗装の焼損痕　右から左（⇐）への焼けの方向がはっきり分かる。

▲焼けた塗装

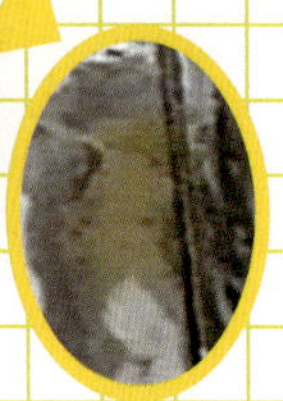

▲焼損状況

早い時期から燃焼した部分は、鉄の地肌が露出して順次焼けの程度は弱くなる。燃焼後の塗装面から、ある程度の燃焼経路が推測できる。

▲ボディ四分割

上方から見て、車両を前・後、左・右に四分割し、それぞれを比較して最も焼けの強い部分と焼けの方向性から出火箇所を推測する四分割法も有効である。

▲前後左右タイヤ

タイヤやホイールの焼損状態を比較し、最も焼損の激しい箇所がはっきりしている場合は、そのタイヤがある四分割部分が出火場所である可能性が高いこともあるが、部分的に可燃物の量や油脂類の有無により焼けが強くなることもあるので、焼けの方向性を確認して判断する。

四分割法での注意点としては、風の影響で焼けの方向や強さが変わることがある。タイヤ付近に燃料給油口が存在する場合、給油口からあふれた燃料の燃焼によって付近のタイヤの焼損が激しくなることもある。

▲風の影響

▲燃料の延焼によるタイヤの焼損

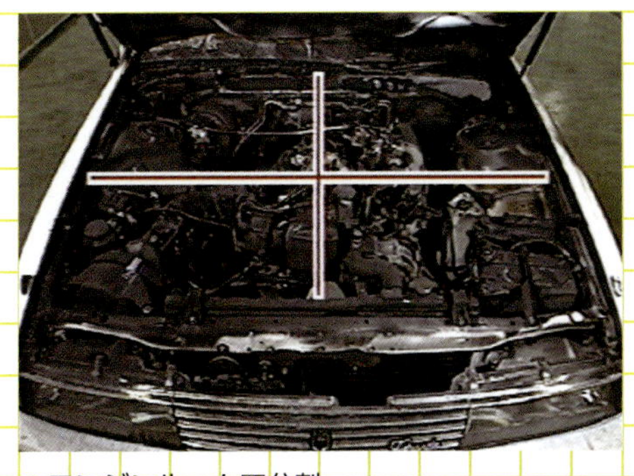
▲エンジンルーム四分割

エンジンルームの場合も同様にエンジンルームを四分割して、最も焼けの強い部分と焼けの方向性から出火箇所を推測する。推測した部分で、出火の可能性のある箇所を詳細に見分して、出火箇所を絞り込む。

▲２箇所の焼けがあるボンネット

焼けが強くても、出火箇所とは限らないことがあるので注意が必要。プラスチック製のエアクリーナーケースのように熱容量の大きなものが燃焼するとその部分の焼損は激しくなる。

燃料ホースが焼損して流出した燃料が燃焼すると、周辺の焼損は激しくなる。
焼損の激しい箇所が確定できたら、そこが出火要因になり得るかの検証が必要になる。

2　出火要因の発掘

▲埋もれた部品（モーター）

外板部、車内、エンジンルームともにプラスチック類が多用されており、こうしたプラスチック類が焼損や溶融した中に、出火要因となる部品などが埋もれている場合もある。

疑わしきものを発掘、あるいは埋もれているかもしれないものを探すために発掘しなければならないこともあるので、現場保存（車両の保存）を確実に行う。発掘は、長時間作業となるので、日を改めての作業になることが多い。

焼損や溶融したプラスチックは、固着している場合が多く容易にははがれない。工業用の大型ドライヤーなどで熱を加えて軟化させ、根気よくはがす。

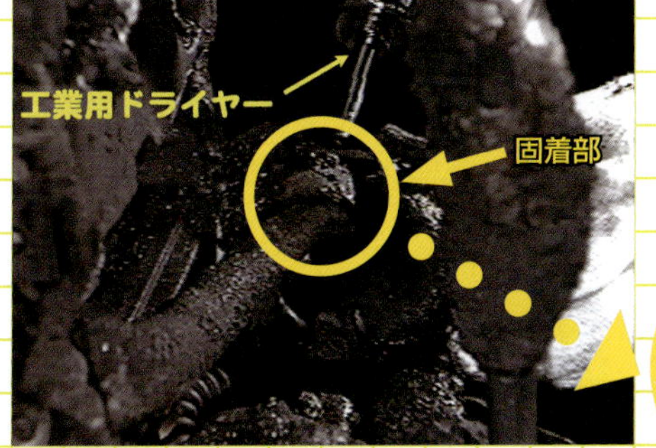

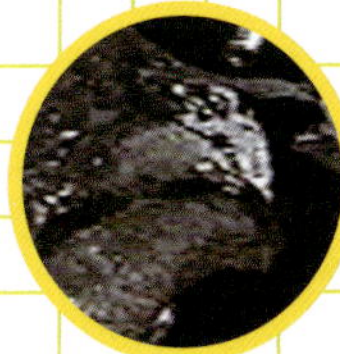
▲固着部

▲ファンモーター比較
左：内部からの出火で焼損したモーター
右：外部からの受熱で焼損したモーター
両者の違いは一目瞭然。

発掘した部品などが疑わしければ、分解して内部を調べる。モーターなどの電気部品や制御基盤などは、外部からの受熱によるものと内部の発熱で焼損したものでは様相が全く異なる。その場で分解できなければ保管し鑑識を行う。この場合メーカー等から同型品を入手して、比較しながら見分すると分かりやすい。

▲外部から焼損した基盤　焼損はしているが、焼失部は少ない。

▲制御基盤からの出火で焼損　出火元は高温になるので、基盤は焼失して跡形もない。

3　車両底部に注意

▲焼けた排気マニホールド

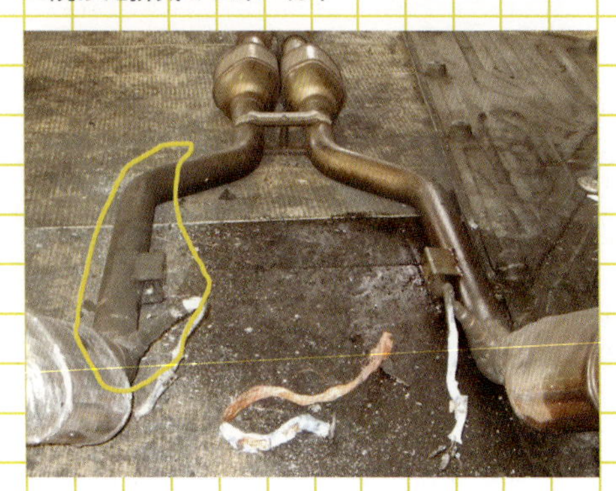

▲左右の排気管を比較　左側の黄色囲み部分が煤けている。

車両底部からの出火は、高温になる排気系統によるものが多い。排気系統が高温であっても金属製なので、それ自体が出火することはなく何らかの可燃物からの出火になる。

排気マニホールドが出火元となるエンジンルームの火災も多い。

比較的多いのは、エンジンオイルをはじめとした油脂類の付着や接触によるもの。油脂類の場合は付着したオイルが燃焼し、煤けて黒くなるので比較的分かりやすい。

V型エンジンで排気管（パイプ）が左右独立している場合、左右を比較すれば一目瞭然のこともある。

燃焼により黒煙が発生するので、走行中であれば底部、特に進行方向の前面が黒く煤けるが、停車中ならばその周辺だけが煤ける。

▲後方へ発煙

▲底部の煤け

エンジンオイル漏れなどが疑われるときは、オイルの残量をチェックする。消火水の混入で、見かけの量が多くなっていることがあるので注意する。そのため全量を抜いて、水と分離して計量する。

▲オイル量

▲ウエスの残骸

整備作業時に置き忘れたウエスなどの可燃物や、走行中に巻き込んだ可燃物が、排気系統に接触したことによる出火もある。こうした場合は、可燃物の残骸が見つかればその証拠となる。

▲排気マニホールドと一体になった触媒

エンジンの不調や、停車中にエンジンが高回転を続ける過レーシングなどで触媒が過熱した場合、周辺の可燃物から出火することもある。

以前は触媒が床下にあったので床下のピッチ系塗料などからの出火が主であったが、近年は、エンジンからの排気ガスを集合させる排気マニホールドと一体になっている。このため、触媒周辺のエンジンルーム内の可燃物から出火することになる。

▲排気ガス漏れの跡

水平対向エンジンでシリンダーヘッド直近の排気管から漏れた排気ガスが、ヘッドカバーを変形させ、パッキンの密着が悪くなって、エンジンオイルが漏れて出火ということもある。

変わったところでは、マフラーの上部に開いた穴から排気ガスが噴き出して床から出火し、トランクルームや車内に延焼したという事例もある。

4　焼けの高さや方向

車両火災も建物火災と同じく、出火箇所から上方へと拡大しながら扇状に延焼していくことが多い。したがって、焼けの高さを見ることも重要になるが、プラスチックの部品が多いので、燃焼・溶融したプラスチックが床下に垂れて、そこから燃え上がることもあるので、焼けの方向性を確認する。

▲V字型の燃焼

(1) シートから天井へ

車内では、シート座面付近から出火するとシートバック、天井へと延焼する。天井に燃え広がって溶融したプラスチックが燃えながら滴下して、出火箇所以外のシートへと延焼していく。

▲天井へ延焼

焼損の激しいシート付近が出火箇所である場合が多い。ドアガラスが完全に閉まっていると空気の供給が十分に行われず、途中で火勢が弱まり、窒息消火によって自然鎮火することもある。

フロアマットが完全に焼損することは少なく、燃え残っている場合が多い。燃焼が激しい場合は何らかの助燃剤や可燃物の存在を疑う必要もある。

▲車内の燃え残り

▲運転席の燃焼

(2) ガラスとボディ

ドアガラスを上下させるドアレギュレーターは、大きく分けるとパンタグラフ式とワイヤー式がある。近年は後者のワイヤー式が多く採用されている。

▲パンタグラフ式レギュレーター　X型のステーにより窓ガラスを上下させる。このケースはガラスが閉まった状態。

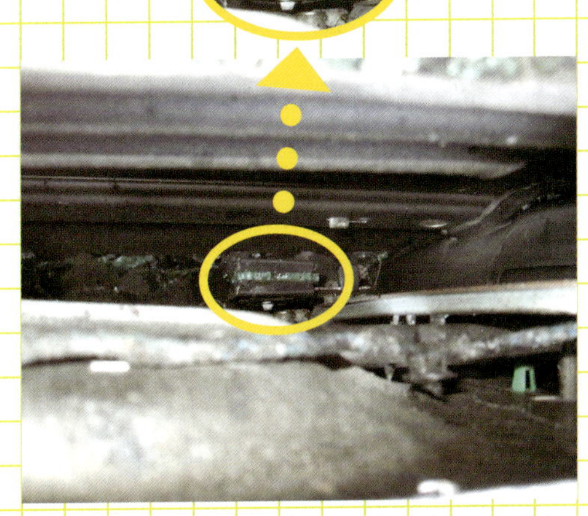

▲ワイヤー式レギュレーター　主流となっているタイプで、このケースは窓ガラスが下がっている。

▲レギュレーターの高さ

ドアガラスが破損している場合、ドア上端からレギュレーターのガラス取り付け部までの高さを測り、同型車と比較して、ガラスの開閉状態を判断する。

▲外れたサイドガラス

フロントガラスとリアガラスはボディに接着されているが、セダン以外の車両ではスライドドアやサイドガラスもドアやボディに接着されている「はめ殺し」の場合も多い。

接着剤が熱で軟化して、ガラスが落ちることもある。途中で熱割れする、あるいは熱せられたガラスが放水で急冷されて割れるなどがある。

2 高温の排気系統

～エンジンの中は火の海～

シリンダー内の燃焼温度は2000℃を超えるともいわれ、シリンダーから出る燃焼後の排気ガスが通る部分は全て高温になる。排気マニホールドは正常な状態でも700℃近くになるデータもある。ここでは車両の火災事例や特徴などを紹介する。

走行時の排気系統各部温度

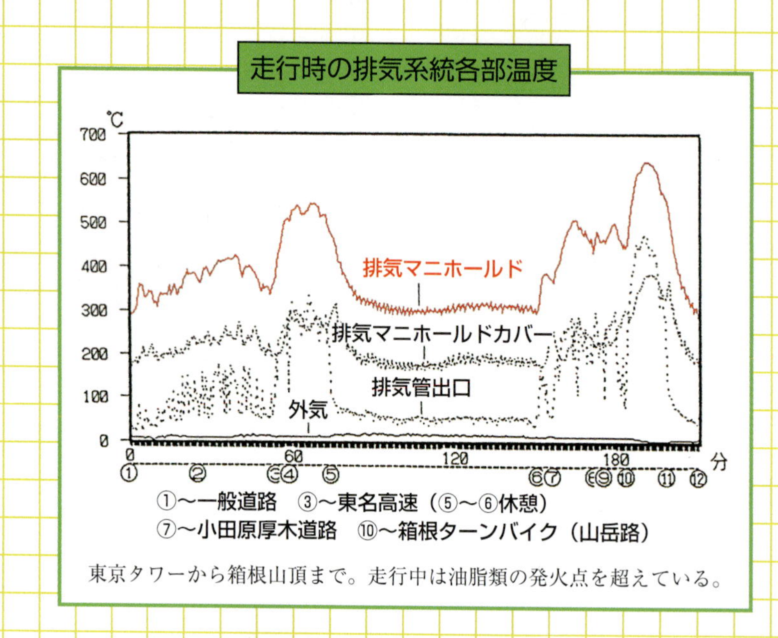

東京タワーから箱根山頂まで。走行中は油脂類の発火点を超えている。

CASE1 ゴム部分から出火

▲排気系統を吊り下げているゴム製のO（オー）リング

マフラーなどがゴム製のO（オー）リングで吊（つ）り下げられたり、排気管がゴム製のマウントでとめてある。排気系統が異常な高温になると、こうしたゴム部分から出火することもある。

CASE2 触媒から出火

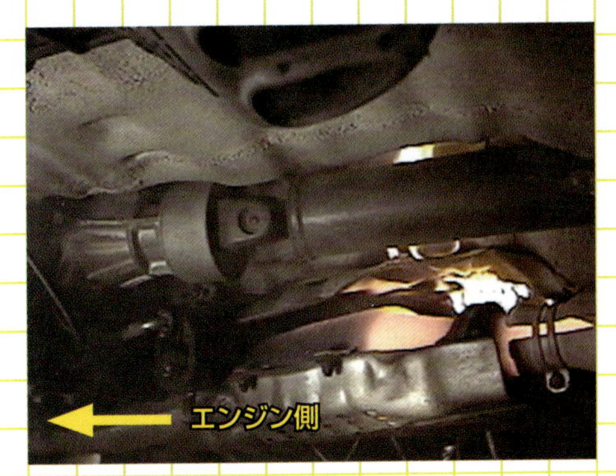

▲触媒過熱による出火状況

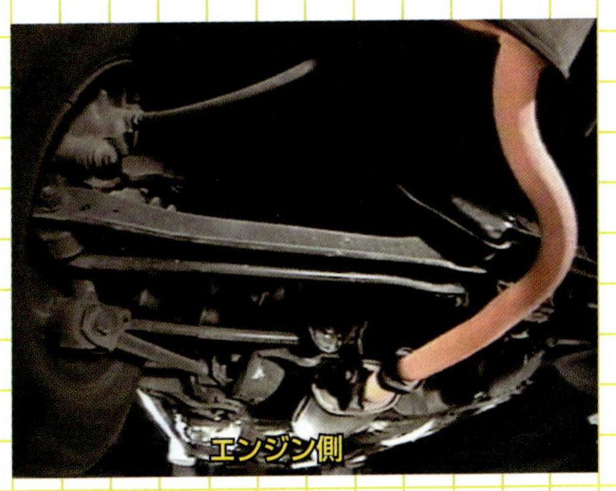

▲赤熱した触媒後ろ側の排気管

触媒は、排気ガスに含まれる有害成分（CO、HC、NO_x）を化学反応によって無害なCO_2、H_2O、N_2にする三元触媒で、運転中は反応熱で入口よりも出口のほうが温度は高くなる。

▲過熱で崩れた触媒内部（セラミック製：左は正常なもの）

プラグの失火やガソリン過多などのエンジン異常時は後方の排気管まで赤熱することもあり、過熱が起きた触媒内部はセラミック製担体の場合、ハニカムや格子が崩れているケースもある。

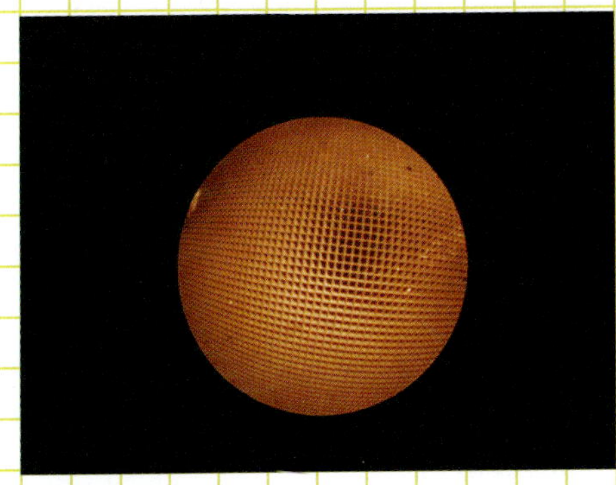

▲金属担体触媒

近年は金属製担体のハニカムなので崩れることは少ないが、異常な高温になった触媒の表面は、他の部分に比較して高温になった痕跡が残る場合もある。

また、床下にあるタイプでは、その上の床やフロアマットの焼けが強く、エンジンルームにあるタイプではその周辺の焼けが強くなる。

1 触媒の位置

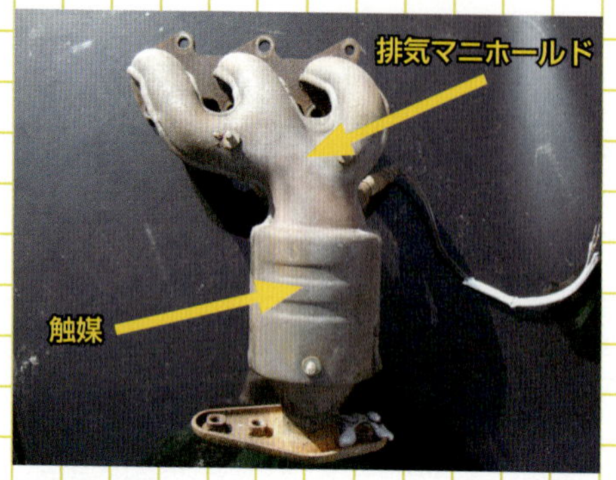

▲排気マニホールドと一体になった触媒　異常過熱するとエンジンルームから出火するケースが多い。

床下に位置していた触媒だが、最近は排気マニホールドと一体になっている。これは、エンジンが冷えた状態での始動時から排気ガス中に含まれる有害成分の測定が加わったことによる。触媒は300～400℃程度にならないとその能力を発揮できないため、早く触媒の温度を上げる必要がある。触媒内部に電気ヒーターを備えたり、新鮮な空気を送り込むファンが付いた車もある。

2 排気温警告灯

触媒内部が異常な高温になると、点灯して注意を促す「排気温警告灯」が義務付けられていたが、平成７年の基準改正以降の車にはない。

▲排気温警告灯

3 高温部分には遮熱板

排気マニホールドや触媒、排気ガスの通路になる排気管や、マフラー（消音器）など高温になる部分が、周辺に悪影響を与えないよう遮熱板が設けられている。エンジンの不調などで異常な過熱をしたときには効果が期待できないこともある。

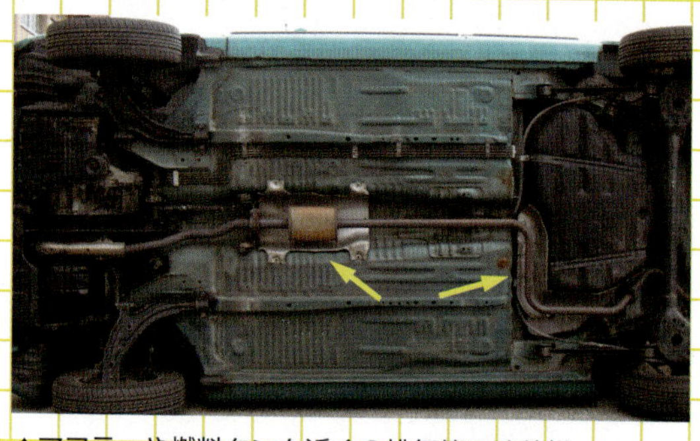

▲マフラーや燃料タンク近くの排気管の遮熱板

▲アルミ製遮熱板　輸入車に使用例が多い。

▲排気マニホールドの遮熱板　触媒へ流れ込む排気ガスの温度を下げない働きもある。

CASE3 排気ガスで出火

▲後方の可燃物に着火

正常な車の場合、アイドリング時におけるテールパイプの後方30㎝の排気ガス温度は、長時間触れていなければ、火傷はしない程度の温度まで低下しているはずである。

しかし、高回転や異常時には、接近している可燃物が出火することもある。

排気管から漏れた高温の排気ガスが、出火原因ということもある。継ぎ目のガスケットなどからの漏れもある。

▲排気管の継ぎ目

▲排気抜けガスケット　V型エンジンなどで排気系が左右に分かれている場合両方を比較すると違いがわかる。左側からの排気ガス漏れの痕跡により高温化で白くなっている。

プラスα

過レーシングで出火

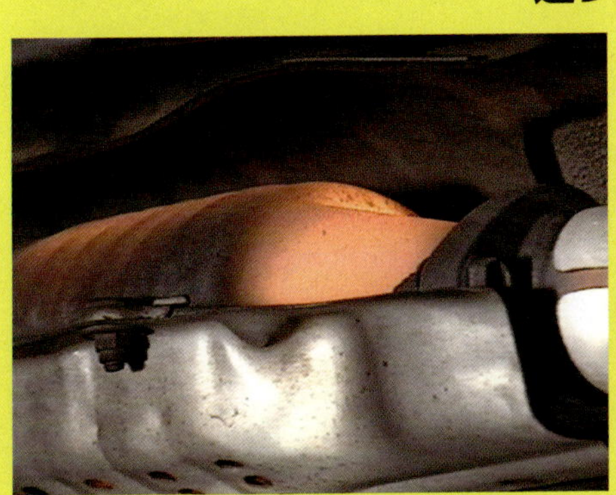

▲赤熱した触媒

- 車に異常はなくても、停車中に長時間アクセルを踏み込んだままでいると、触媒をはじめ排気系統が異常な高温になり、出火することがある。
- 仮眠中に起こることが多いことから、最近の車は停車中にエンジンの高回転が続くとエンジン回転を上下させて注意を促す過レーシング防止装置が付いている。

CASE4 可燃物が触れて出火

正常であっても、走行中の排気系統は油脂類の発火点を超えていることが多い。特に排気マニホールドや触媒などは高温になっているので、漏れた油脂類や、エンジンルームに置き忘れたウエスなどの可燃物が触れると出火しやすい。

オイルが触れた部分にはシミのような痕跡が残ることもある。しかし、排気マニホールドは遮熱板に隠れているので、遮熱板を外して焼け跡や変色などを確認する。

ウエスなど本来車にはないものの焼損物が発見されたときは、整備や点検の状況を聞き、その事実があればウエスの確認も必要。なお、紙のウエスは残らないことが多いので、焼損物がなくても出火につながる可能性はある。

▲置き忘れたウエスから発煙

▲置き忘れたウエスから発火

ターボ車のターボの温度であるが、排気側は排気マニホールドと同等の高温になり熱容量も大きいので、漏れた油脂類や、エンジンルームに置き忘れたウエスなどの可燃物が接触すると出火する可能性が高い。

ターボ（トラック）▶

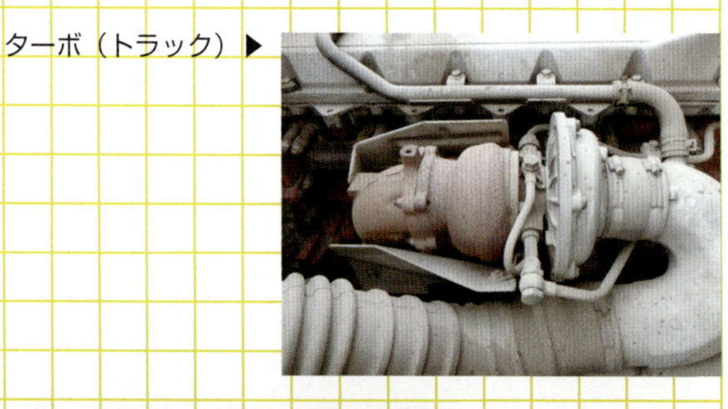

▲ターボ　高温になる排気側に遮熱板をかぶせてある。

◀ターボ（乗用車）
奥まった位置で遮熱板が取り付けられていることが多い。

3 出火源になる電気系統

車1台には、膨大な量の配線、多くのモーター、70～80個以上ともいわれる多数のコンピュータ類が使われている。こうした電気系統から出火することもあるので、いくつかの事例を紹介しよう。なお、最近は各コンピュータをパソコンのように通信でつなぐ方式が用いられている。通信用の信号線に流れる電流は微弱なので、火災につながることはほぼないといえる。

▲取り外した配線　90年頃の小型車から外した電装品と配線。配線の総延長は1,240m。

CASE1 バッテリーによる出火

バッテリーは鉛蓄電池で電気量が非常に多く、瞬間的に大電流を取り出すことができる。バッテリー端子や太いバッテリーケーブルがショートすれば出火することもある。

▲バッテリー　基本的に、プラス端子(赤いカバー)はボディから離れた位置になるように配置されている。

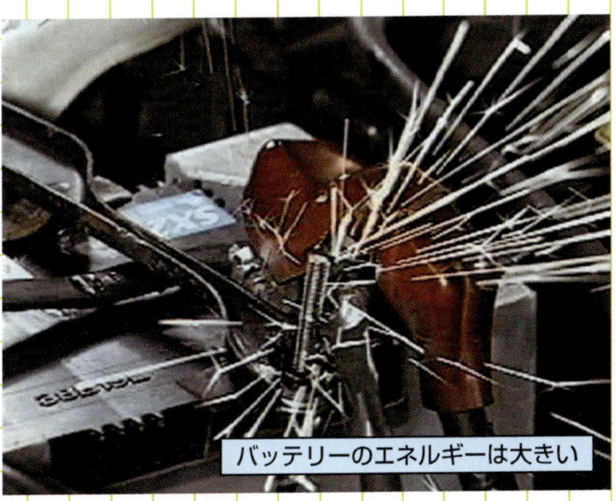

▲バッテリーからの出火　バッテリーがショートすると非常に大きな電流が流れるので、車両火災につながることが多い。

1　バッテリーの座屈

ショートして大電流を流し続けたバッテリーは、内部の発熱により座屈している場合が多い。

こうした場合は不適合バッテリー使用の疑いもあるので、その大きさや端子位置を適合品と比較する必要がある。また、交換の有無などを聞く必要もある。

▲座屈したバッテリー　バッテリーショートでの車両火災では、内部発熱によりバッテリーが座屈することが多い。なお、こうしたバッテリーでも電気は残っているので要注意。

バッテリー
バッテリーサイズ表示
断面
長さ

55 B 24 L（例）
55→性能ランク　数字が大きいほど容量大
24→大まかな長さ（cm）
B→断面大きさ　Aから始まり順に大きくなる
L→ターミナルの位置　Rは＋－が逆になる

バッテリーのサイズは車により決まっている。
製造（初充電）時期の表示がある。
多くは日月年（例：2014年1月10日＝１００１１４）。

アイドリングストップ（IS）車は専用品で、「55 B 24 L」相当は「N-55」となる。
最初のアルファベットが大きさで、J～X（O、L、Rは欠番）と順に大きくなる。
数字は性能ランク。ターミナルの向きが逆のタイプは末尾にRが付く。
IS車に通常のバッテリーを付けるとアイドリングストップしなくなる。

◀バッテリーのサイズ表示　表示からそのバッテリーの素性が分かる。

2　トラッキング

端子の接触不良などで、トラッキングが発生して出火することもある。原因として、バッテリーターミナルの締めつけ不良、バッテリー液の付着や、塩害、融雪剤などの塩分付着などもある。

▲バッテリーポストのイメージ

▲バッテリーポストの断面

バッテリーポストは、内部の電極との間に隙間があるため、バッテリーターミナルを締めすぎると変形する。プラスチック製の上蓋に埋め込まれているバッテリーポストが変形すると、蓋との間に隙間ができ、バッテリー液（希硫酸）が毛細管現象で滲み出てくる。

3　オルタネーター

大電流の流れる箇所で、端子のゆるみや腐食などにより接触不良が起きると、その部分が発熱して火災につながることがある。端子のゆるみや接続部の電気痕の確認をする。オルタネーターの出力端子（B端子）からの出火事例が続き、リコールが行われたこともある。なお、イグニッションキースイッチが切れていても、B端子にはバッテリーのプラス電圧がかかっている。

▲オルタネーター端子の火災　大電流の流れる端子の接触不良で発熱。

▲オルタネーターB端子　キャップの内部に出力電流を取り出すB端子があり、大電流が流れる。接触不良があると発熱し出火することがある。

CASE2 電気機器からの出火

ABSや冷却ファンモーターには、イグニッションキースイッチを切っても常にバッテリーのプラス電圧がかかっている。制御ユニットなどがトラブルを起こすと、キーがオフになっていてもモーターが連続回転してしまうことがあり、制御ユニットやモーターが過熱して、無人状態でも出火することがある。大電流が流れるファンモーターやABSのほか、ヘッドライトやクラクションなどの電気系統にもプラス電圧が供給されているが、その回路は車により異なるので、出火の有無などを確認するには、配線図などが必要となる。なお、イグニッションキースイッチが切れていても、オルタネーターのB端子やセルモーターには常にバッテリーのプラス電圧がかかっている。

運転中のダイレクトイグニッション方式のイグニッションコイルから出火することもある。

▲ABSユニット　制御ユニットへの水の侵入などによる誤作動や、コネクター部のトラッキングで出火することがある。

▲出火したコイル　コイル自体や内蔵されている制御ユニットの過熱で出火することがある。

▲出火した制御部

▲出火したモーター内部

CASE3 ショートによる出火

バッテリーのマイナスケーブルは、ボディの金属部に接続され、さらにエンジンなども太いケーブルでボディに接続されている。ボディの金属部はマイナス電位なので、プラス側が接触するとショートする。ショートした箇所のボディ側には銅成分の付着、配線側には溶融痕といった電気痕が残るので、入念な確認が必要。

配線の被覆は、難燃性素材ではあるが燃焼する。したがって、配線被覆が燃焼しながら、可燃物の多い箇所で火災が拡大することもある。焼損の激しい箇所だけでなく配線をたどってショート箇所を特定しなければならないこともある。

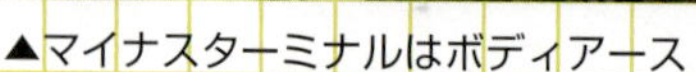

▲マイナスターミナルはボディアース

▲配線ショート

CASE4 電球からの出火

ヘッドライトが点灯しているときにハロゲン球が事故などで破損すると、フィラメントがすぐに断線することなく、かなりの時間（10秒くらい）フィラメント（タングステン）が燃焼するため、破損したレンズやケースなどのプラスチック片に着火することがある。

ブレーキを踏んでいるときに追突され、ストップランプ付近から出火した事例もある。ストップランプなどは一般的なタングステン電球であるが、点灯中に破損すると火災につながることもある。

▲ハロゲン球の燃焼　ガラスを割って通電した状態。

HIDは、高圧電気による放電発光なので電球が割れれば瞬時に消えるため出火の危険はない。後付け製品も多数出回っているが、高電圧発生装置や安定器といった電気（電子）機器が必要になるので、取り付けミスや電気機器に不具合が起きた場合の出火可能性は考えられる。

▲後付けHIDの部品

▲後付けHIDの取り付け

HIDの電気機器は左右にあるので、比較すれば出火元は明らかに焼損が激しく、判断しやすい。

左右で比較▶

CASE5 モーターやオルタネーターのブラシの出火

▲オルタネーターブラシ部

ブラシ部分で小さな火花が発生しているので、ガソリン漏れがあると出火の可能性はある。オルタネーターのブラシの火花はごく小さいことや可燃範囲のガソリン蒸気が入り込みにくいことなどから着火の可能性は低いといえる。ただし、セルモーターの作動時は大電流が流れるので、マグネットスイッチやモーターのブラシに大きな火花が発生する。ガソリン配管の下部に位置するセルモーターにガソリンが滴下して、エンジンの始動と同時に火災が発生した事例はある。火災発生時の状況を聞くことは火災原因の究明に役立つことが多い。

ココがポイント！

☞新たに採用された電装品からの出火の可能性も考えられるので、情報収集が必要。また、疑わしい箇所があれば分解してその原因を探る努力が必要である。ショート痕が発見された場合、火災発生の原因になったもの(一次痕)なのか、火災によって二次的にショートしたもの（二次痕）なのか、を見極めることが必要になる。ショート痕から火災発生に至る延焼経路の筋道の検証や、火災発生時の車の状況で通電箇所なのかどうかの確認も必要である。

プラスα

冠水による電気出火

▲冠水によるトラッキングで出火した電気部品

▶高潮で冠水した車が、何台も火災を起こした事例もある。発生箇所は、ヒューズボックスや配線の中継となるジャンクションボックスなどであった。冠水した車の全てが火災を起こしたわけではない。海水の水位がこうした部品付近と同じような高さにあった車が燃えたようである。

▶ヒューズボックスと海水を使い再現したところ、海水により異常な電流が流れて発煙し、出火に至った。

▲再現実験

▲海水で発煙・発火

▶時間が経ってからの出火もある。

▶津波による火災も発生しているが、海水は電気を通しやすいので冠水すると電気火災につながるおそれがある。

4 燃料や油脂類による出火

代表的な燃料や油脂類の引火点と発火点は、次の表のとおりである。エンジンオイル、ATF（オートマチック・トランスミッション・フルード）とも使用油の方が発火点は10℃ほど高くなっているが大差はない。

燃料や油脂類の引火点と発火点

試料の名称		引火点		発火点
		試験方法	℃	℃
ガソリン		TC	−50	325
軽　油		PM	65	290
エンジンオイル	新　油	COC	222	375
	使用油	COC	232	385
ATF	新　油	COC	182	350
	使用油	COC	184	360

《引火点試験》
試料の温度を徐々に上げていきながら、口火を近付けて引火したときの温度を計測する。
タグ密閉式（TC）：引火点が93℃以下の試料用で、ガソリンなどに用いる。
ペンスキーマルテンス密閉式（PM）：タグ密閉式が使えない試料用で、軽油や潤滑油などに用いる。
クリーブランド開放式（COC）：引火点が80℃以上の試料用で、潤滑油などに用いる。

CASE1 ガソリンによる出火

エンジンに送られるガソリンの量は、使用量よりもはるかに多いので、漏れがあっても支障なく走ることができてしまう。

◀燃料ホースピンホールからのガソリン漏れ

▶ガソリン発火（割れたデスビにガソリンをかけた実験）

◀▼高温の排気マニホールドにかけても発火しないガソリン

ガソリンの引火点はマイナス50℃程度と低く、可燃範囲はガソリン蒸気が1.4〜7.6%の濃度である。この濃度でガソリン蒸気が存在すれば、電気火花や裸火のほか静電気などでも引火する。発火点は325℃程度であるが、高温の排気マニホールドにガソリンをかけても、ガソリン自体の温度が上がる前に蒸発して発火はしない。しかし、ガソリンがかかる排気マニホールドなどの形状、

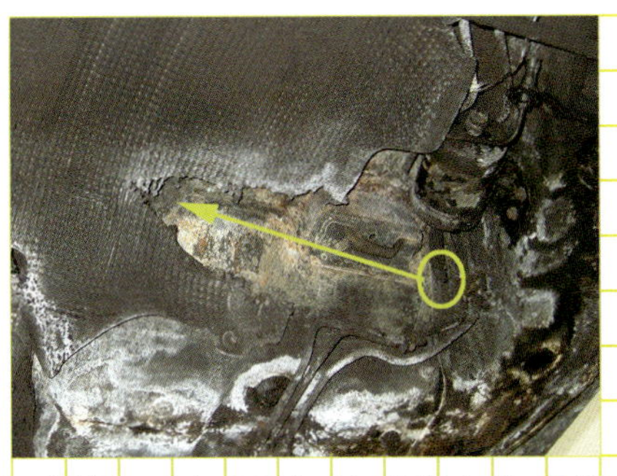

▲燃料ホースからのガソリン漏れ火災　○印付近から矢印方向に噴出したと推測されるが、ホースは焼け残っている。

ガソリンのかかる量やガソリンがかかる速度などによっては発火することも考えられる。

ガソリン漏れ火災で燃えるのは漏れたガソリンが直接燃えるのではなく、気化して空気と混合した可燃範囲のガソリン蒸気が燃えるのである。したがって、ガソリンが漏れ出た付近の焼損が少ない場合もある。

流出するガソリンが多ければ焼損は広範囲に及び、他の可燃物も延焼するので出火箇所を見極めることが必要になる。

火源がガソリンの流出箇所から離れている場合もあるし、火源が見あたらなくても火災になることがある。ガソリン自体が静電気を帯びやすい性質があるので、ガソリン自体の静電気が火源と考えられる火災も発生している。

1　ディストリビューターが火源

ディストリビューター（以下「デスビ」）内部では、常に放電火花が発生している。放電火花で発生するオゾンを排出するために２箇所以上の換気口があるのでガソリン漏れがあると、そこから内部に侵入して引火することがある。

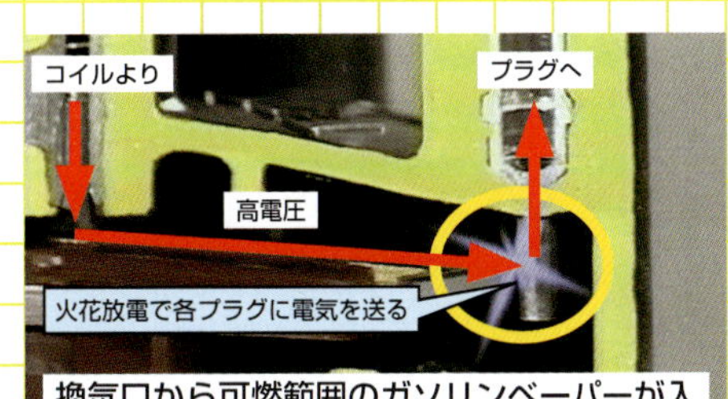

▲デスビの内部イメージ

▲ガソリン漏れの火災　○印部付近からのガソリン漏れ火災。

▲ガソリン漏れ火災の鎮火後　鎮火後のガソリン漏れ箇所の焼けは少ない。

▲デスビで引火

▲デスビの換気口

2　高電圧の漏電が火源

ハイテンションコードなどから高電圧が逃げると放電火花が発生するので、ガソリン漏れがあれば引火することがある。

ただし、ダイレクトイグニッション方式では外部に高電圧系路がないので、この危険はほとんどない。

▲ハイテンションコードからのリーク放電火花

CASE2 軽油による出火

軽油の引火点は65℃程度と常温より高いので、引火する可能性は低いといえる。発火点は290℃程度で、運転中の排気管温度より低いため、排気管などにかかると発火する危険がある。

従来のエンジンは、各気筒に軽油を送るパイプが損傷した場合、少量だが10～20MPa程度の高圧の軽油が、間欠的に勢いよく噴出し続けることもあるので、出火する危険がある。

従来の噴射方式

純機械制御式と、機械・電子制御併用式があり、噴射圧力は10～20MPa程度

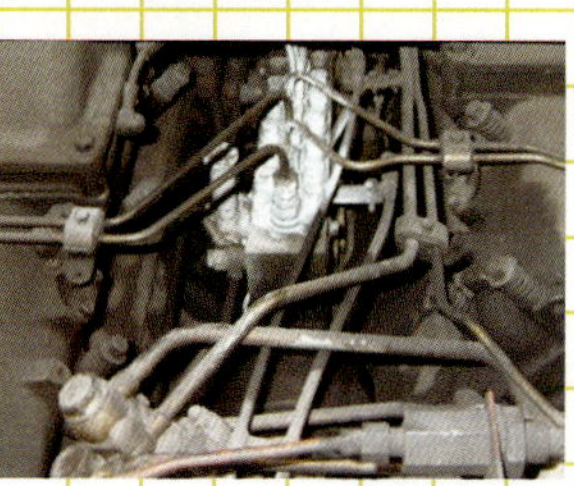

▲列型ポンプ　シリンダーの数と同じプランジャーで加圧した軽油を、それぞれの噴射ノズルから噴射する。

▲分配型ポンプ　一つのプランジャーで加圧した軽油を、それぞれの噴射ノズルに分配して噴射する。

現在の主流となっているコモンレールシステムは、サプライポンプとコモンレール間のパイプが損傷すると、通常では150～200MPa程度ある高圧の軽油の圧力が下がるので、エンジンは停止する。電子制御化されており、異常を検知してエンジンが停止する。また、コモンレールからインジェクターへのパイプ折損でインジェクター全開時の流量より多い軽油が流出すると、コモンレール出口に設けられた流量制限弁が閉じて、軽油は流出しなくなるので出火の危険性は低いといえる。

最新の噴射方式

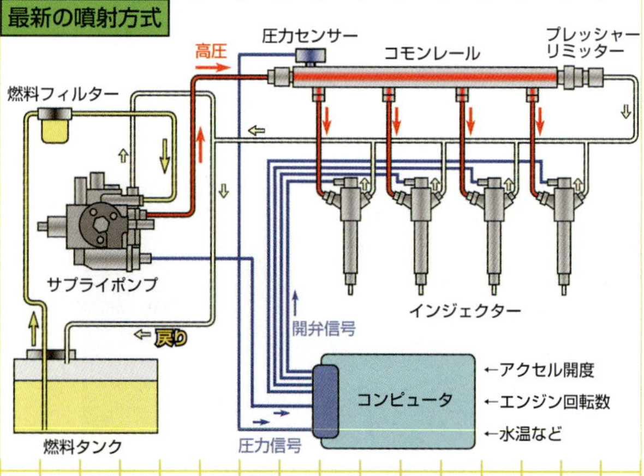

▲コモンレールシステムのイメージ　燃費がよく排気ガスがきれいで、騒音の低いコモンレールシステムが主流。150～200MPaという超高圧に加圧した軽油をコモンレールに蓄え、コンピュータ制御で開閉するインジェクターから複数回噴射させる。

CASE3 エンジンオイルによる出火

(1) オイルフィルターなどからの漏れ

普通の乗用車のエンジンで、圧力のかかったエンジンオイル（以下「オイル」）が、外部に噴出する可能性があるのは、オイルフィルター部分だけである。大型車のエンジンも基本は同じだが、オイルフィルターやターボへのオイル配管などに不具合があるとオイルは噴出する。

◀オイル漏れ　カートリッジを少し緩めた状態でクランキングしたところ、多量のオイルが噴き出した。

大型車のオイル▶フィルター　通常は2個ついている。

カートリッジタイプのオイルフィルターは、古いO（オー）リングが残っている二重パッキンやオイルフィルターの締め過ぎや締め不足、ブラケットの当たり面の荒れなどが、オイル漏れの原因になる。オイルフィルターを閉めすぎると、Oリング取付部が変形して密着不良を起こし、オイル漏れが起きることがある。

▲カートリッジタイプのオイルフィルター

▲O（オー）リング

▲ブラケット

オイルフィルターは、エコの観点からエレメントだけを交換するタイプに移行する傾向がある。従来とは異なるため、慣れないと交換時の取り付けミスによるオイル漏れが懸念される。

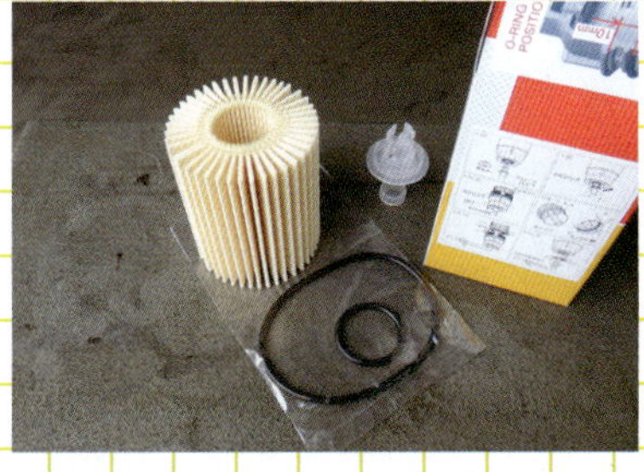

▲オイルフィルターエレメント

▲オイルフィルター（輸入車）

▲エレメント交換式オイルフィルター　ふたを外してエレメントを交換するタイプ。

オイルクーラーやターボの付いたエンジンはその配管部分から、大型車などはオイルフィルターの配管部分から、オイルが噴出する可能性がある。

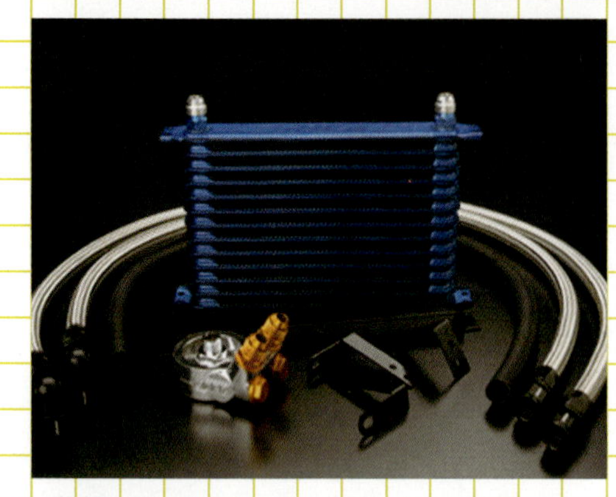
▲後付けのオイルクーラー

▲水冷式オイルクーラー

（2） 給油口からの漏れ

オイル火災が疑われるケースでは、見分時にフィラーキャップ（給油口の蓋）がない場合はネジ部の煤けの状況などを詳しく観察して、フィラーキャップの脱落や取り付け忘れで火災前からなかったのか、火災により焼失したのかを見極める必要がある。

オイル給油口位置の適正化や仕切りの採用などで、フィラーキャップが外れても、オイルが噴き出しにくい構造になっているものが多い。

▲仕切りのあるオイル給油口　フィラーキャップが外れても、オイルの噴き出しをある程度は防げる。

フィラーキャップを外して、エンジンを１時間半ほど3000回転くらいの高速回転させた実験でも、周囲にオイルの飛散はあるものの大量のオイルが噴き出すことはなかった。車により異なるが、エンジンの形状や排気管の位置などで判断する必要がある。

▲オイルの飛散

オイル漏れに起因する車両火災では、出火場所の手前路上に漏れたオイルの痕跡が残ることもあるので、安全に配慮して路上を調査する必要がある。

▲ヘッドカバーからのオイル漏れ　パッキンからのオイル漏れがあっても、勢いよく噴出はしない。

パッキンなどの不良等によりオイルが漏れることもあるが、勢いよく噴き出すのではなく、ブローバイガスの圧力で飛び散るように漏れ、継続して垂れていく。

▲排気マニホールドに垂らしたオイルが燃焼

（3） オイル不足

オイルの不足や油圧ポンプのトラブルなどによる潤滑不良でエンジンの軸受けが焼き付くことがある。ピストンにつながるコンロッドのクランクシャフト部（大端部）軸受けが完全に焼き付くと、コンロッドが折れるなどしてシリンダーブロックの側壁を突き破ることもある（「エンジンが足を出す」などという）。こうした状態の軸受け部は赤熱し、残ったオイルも高温化しているところに破損部から空気が流入するのでオイルが発火したり、破損部から漏れ出たオイルが排気系統に触れて発火することで車両火災につながることもある。

▲油量警告灯　油量警告灯は、ごく一部の車に付いており、オイルの量が規定以上に減少すると点灯する。

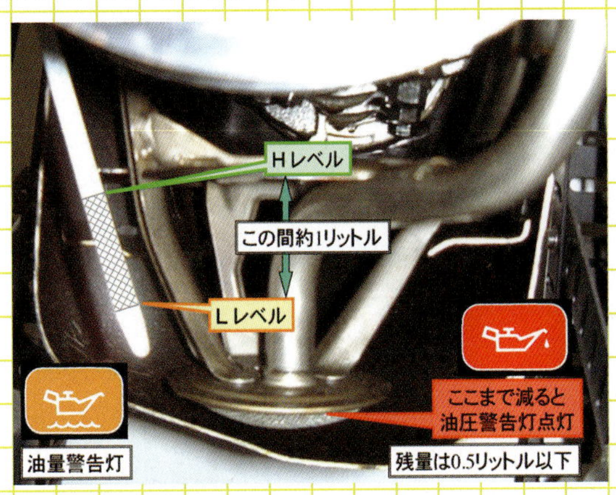

▲オイルパン断面

▲油圧警告灯　油圧警告灯は、オイルの油圧系統に異常が起きて、油圧が50kPa程度に下がると点灯する。オイルがかなり減少しても油圧警告灯は点灯しない。

CASE4 ATFによる出火

ATFはオートマチックトランスミッションフルードのことで、冷却のためラジエーター下部のATFクーラーまで配管やホースでつながっているものがある。この箇所は200kPa程度の圧力がかかっているので、ATFが噴出して出火することがある。

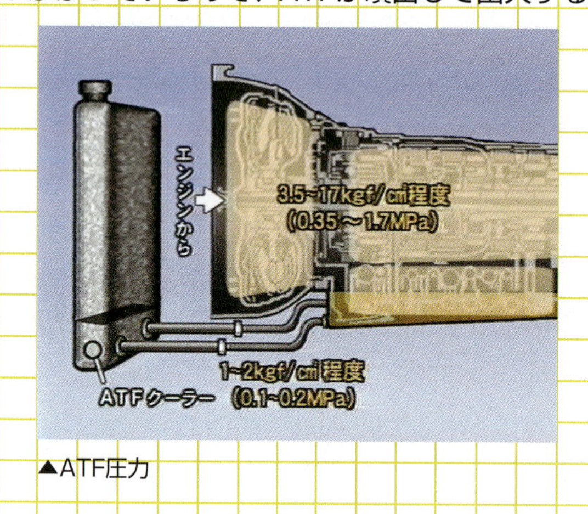

▲ATF圧力

▲ATホースピンホールによるフルードの噴出

CASE5 パワステフルードによる出火

油圧式パワステは、直進状態では圧力はほとんど発生しないが、ハンドルを切ると8MPa程度の高圧が発生するので、損傷があるとかなりの勢いでパワステフルードが噴出し出火することがある。

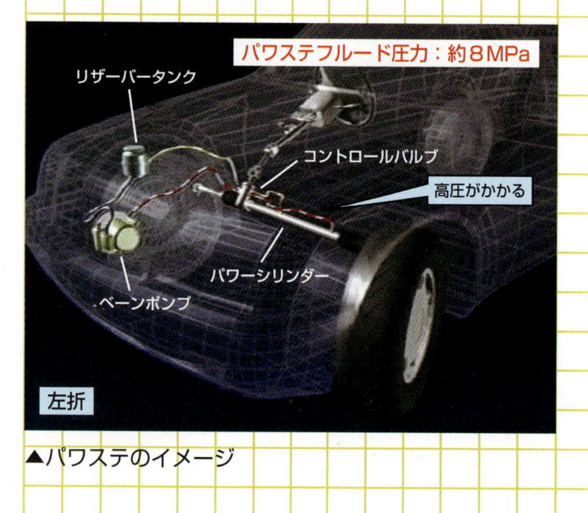

▲パワステのイメージ

▲パワステフルード漏れによる出火

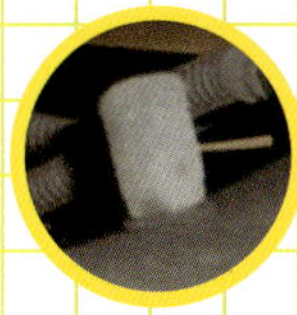

CASE6 ミッションやデフオイルによる出火

マニュアルミッションやデフなどのオイル類が不足すると摩擦熱が大きくなり、高温になったオイル類が噴出して、高温の排気系統などに接触し、出火することがある。

排気管の不適切な改造でデフが過熱され、ブリーダーから噴き出したデフオイルが排気管にかかって出火した事例もある。

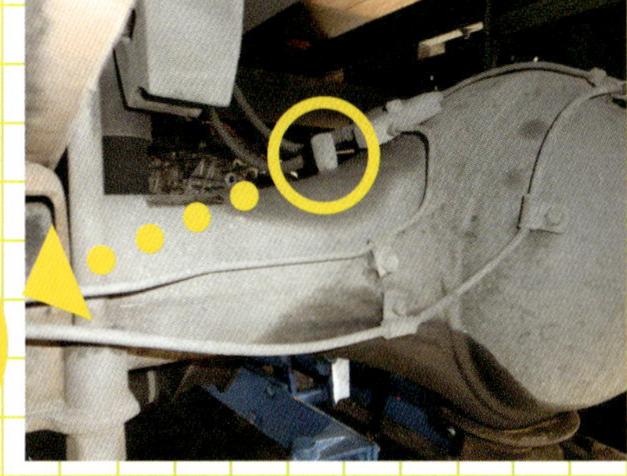

▲デフのブリーダー

ココがポイント！

ガソリン火災とオイル火災の煤(すす)け

☞走行中に出火すると、煙は床下から後方に流れ去り、走行風で炎が立ち上がらない無炎燃焼を起こすことが多い。

☞「車が止まったら火が出た」という証言が多いようだが、走行中にも燃焼しているため、床下が煤けることが多いので、床下の確認が重要になる。

▲エンジンルームでの出火　煙は後方に流れる。

▲底部の煤け

☞ガソリンの煤けは乾燥した状態、油脂類の煤けはべっとりとしており、その状態は明らかに異なる。消火時は高圧の直噴水で洗い流されてしまうとその状況が分かりにくくなるので、噴霧注水での消火が望ましい。

乾いて、サラッとした煤け

▲ガソリン火災の煤け

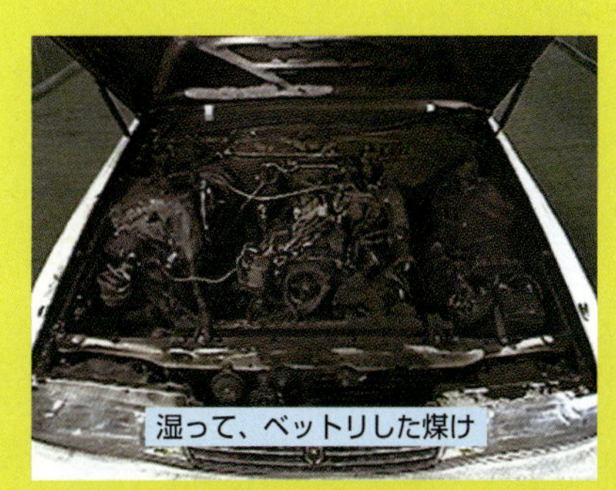

湿って、ベットリした煤け

▲エンジンオイル火災の煤け

5 車の燃え方

出火箇所からの延焼過程が分かれば、車両火災の原因究明に役立つことがある。ここでは車の燃え方について説明していこう。

CASE1 エンジンルームからの出火

ボンネットが閉まっていると、ボンネット内側に沿って延焼する。プラスチック部品などの可燃物が多いところやガソリンホースが焼損すると焼きが強くなるので、注意が必要である。

建物火災と同様に、出火箇所より上側は下側より燃焼が激しいのが一般的である。

▲エンジンルーム上部からの出火

エンジンルーム上部からの出火であっても、周辺のプラスチック類が燃焼し、火のついた状態で滴下して、エンジン下部のアンダーカバーなどに溜まり、その箇所から火が大きくなって上部を燃焼させる場合もある。

▲エンジンルーム上部からの出火で滴下したプラスチックにより下部も出火

エンジンルームは、プラスチック製のカバーで覆われていることが多い。こうしたプラスチック製品は当然ながら可燃物であるため、出火箇所からの延焼経路となる。

▲プラスチック製カバーで覆われたエンジンルーム

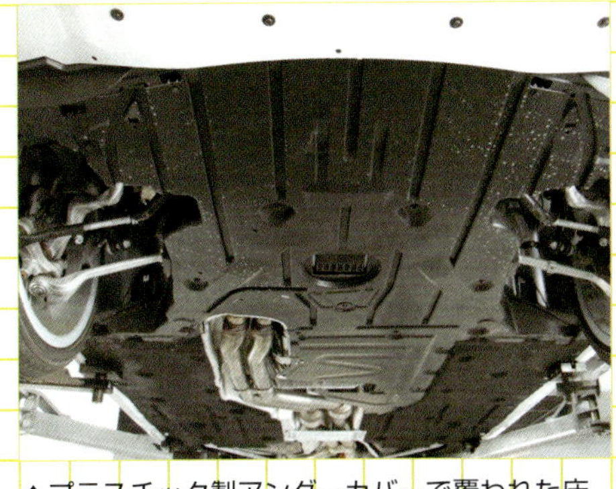
▲プラスチック製アンダーカバーで覆われた床下

プラスチック製のアンダーカバーは、延焼経路となることもあるので要注意。

ココがポイント！

☞どの部分がプラスチック製なのか、同型車と比較しながら見分するのがベストだが、販売店や中古車センターで、事前に同型車の写真を撮影して、写真と比較して見分する方法もある。

CASE2 エンジンルームから車内へ

エンジンルームからの出火で火勢が強くなれば、配線やパイプの通るゴム製のグロメット部分などから車内へ延焼したり、仕切りの鉄板の過熱などで、車内のプラスチック製品などが延焼してシートや内装品へと延焼する。

▲エンジンルームから車内に延焼

▲グロメット

▲ガラスが割れて炎が噴き出す

車内からの出火では、配線やゴム製グロメットなどが焼損したり、仕切りの鉄板の過熱などで逆にエンジンルームへ延焼する。

強化ガラスが熱割れすると、空気が流入して車内の火勢は強くなる。

ドアガラスが完全に閉まっていると、空気の供給がないので窒息消火することもある。

フロントガラスは、火勢の強いところが割れて穴が開き、順次破損していくことが多い。

▲フロントガラス割れ

窒息消火の状態であった場合は、車内が焼損しても、エンジンルームはほとんど焼損のないケースもある。

▲ほぼ無傷のエンジンルーム

CASE3 塗装の燃焼

エンジンルームや車内の燃焼で、塗装面の塗料が燃焼する。内部から熱せられることによる着火で徐々に広がっていく。

▲車内からの出火　車内に着火した実験

▲外板の塗装に着火　車内の熱でボディの塗装に着火

▲塗装の延焼　上から下へ延焼

6 放　火

車内への放火では、ガラスを割ったりドアを開けて火を着けるケースが多いと思われる。可燃物や助燃剤などを用いることがあり、そうした場合はその周辺部分の焼けは強くなることもある。

▲ライターでシートに着火

▲ボディカバーに着火

▲延焼

ライターでもシートに火は着くが、発炎筒のような強力な火であれば瞬く間にシートは燃え出し、発炎筒の場合は、白い燃えカスが残る。

車外への放火は、バンパー、タイヤ、あるいはボディカバー等へ火を着けるケースである。ライターでバンパーに火を着けるにはバンパーが肉厚のため２～３分程度は必要であろう。しかし、助燃剤を使わなければライターでタイヤに火を着けることは不可能に近い。

車の場合はバンパーなど外部に放火されても全体に延焼するには、ある程度の時間を要するが、スクーター（原付自転車など）は外部のほとんどが比較的薄いプラスチックなので、そうした部分に放火されると全体に延焼するのに時間を要しない。

ボディカバーは、ライターなどで簡単に火が着くが、防炎加工品は延焼が食い止められる。

バンパーやエンジンの下、タイヤであればその上に助燃剤や可燃物を置いて、それに火を着けて放火する手口もある。

▲放火による出火（再現）

◀バンパーに着火

残渣物を念入りに調べることで、本来車にはない焼損物が発見できれば、放火にほぼ間違いないといえる。

◀タイヤに放火　フロントタイヤの上においたウエスに着火した実験でこの後全焼。

残渣物を何も残さない手口もあるので、出火箇所が特定できて、その箇所に車からの出火原因となるものがないことが確認できれば、放火にほぼ間違いない。自分で放火するケースもあるので要注意。

写真①〜④：
インナーフェンダーに直接着火した状態
残渣物を確認できない放火。当然ながら出火場所と思われる箇所の配線にショート痕などはない。

ココがポイント！

- 車内に液体燃料を撒く手口では油分が残る場合が多いので、臭いだけの確認ではなく、建物火災と同様に必ず北川式検知器や採取した検体をガスクロマトグラフィーなどで油分反応の検査をする必要がある。
- 油分が、フロアマットの下に残っている場合もあるので念入りに行う。
- 未舗装の駐車場で起きた車両火災で、路面の表面に油分反応はなかったが、土を掘ったところ、中の土から油分反応が出たという事例もある。アルコール系の助燃剤は水に溶けてしまうので検出がむずかしいと思われる。

7 各種出火事例

原因が車に起因しなかったり、整備不良などで本人の気付かないうちに出火してしまうということもある。

CASE1 ライターによる出火

▲ライター各種

簡易型のライター（以下「ライター」）は安易に扱いがちである。最近改良されているが電子点火式ライターによる出火事例は多い。改良型ライターで出火事例が減ることが期待される。

1 シートを動かしたことによる出火

▲シートスライドによるライターの点火　難燃性素材も燃える。

シートスライド用のレールに落ち込んだライターがシートのスライドによって点火する。

▲改良されたシートレールの後端

こうした火災事例が続いたことから、カーメーカーもライターがはさまらないように、シートレールの改良をしている。

電動パワーシートで、シートとセンタートンネルの間に落ち込んだライターが、シートの移動で斜めになってはさまり、出火した事例もある。

2　ライターの残り火による出火

ライター点火部分に砂や埃（ほこり）など異物が噛み込み、スイッチの戻りが悪いため、完全に消えずに小さな火が残っていることがある。こうした残り火が車内の出火原因の事例もある。

▲ライターの残り火　点火部の○印部に異物が挟まり完全に戻らなくなって、小さな火が残った状態。風よけの中に隠れてしまうほどの小さな火の場合もある。

3　ダッシュボードなどからの出火

ダッシュボードの蓋を閉めたとき、中に入っていたライターの点火部分が押されて出火した事例もある。

トランク内の荷物がブレーキをかけたとき移動し、ライターの点火部分を押して出火した事例もある。

4　いたずらによる出火

車内に乗車している子供のいたずらではないかと思われる車両火災も発生している。こうした火災では、子供が犠牲になるという痛ましいことも多い。紙類などの可燃物があれば容易に着火して、火災は早期に拡大する。

▲可燃物への着火

ライターによる出火であれば、火元にライターの残骸が発見されるであろう。ライターの発火部分が押された状態ならば、間違いなくライターからの出火。ライターの部品の一部でも見付けることが大切。

▲出火後のライターの残骸

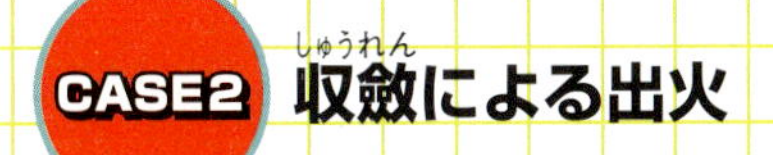

CASE2 収斂（しゅうれん）による出火

凸レンズや凹面鏡による収斂火災は、建物に限らず車で起きる場合もある。

1　吸盤による出火

フロントガラスと同じガラスに、透明吸盤を貼り付けて太陽光を黒紙に収斂させたところ、瞬く間に焦げて発煙した。特徴的なのは、太陽の移動により、連続した線状の焦げ跡になることである。

▲収斂火災の実験風景

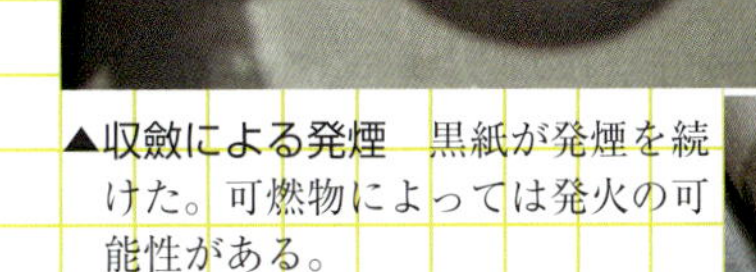

▲収斂による発煙　黒紙が発煙を続けた。可燃物によっては発火の可能性がある。

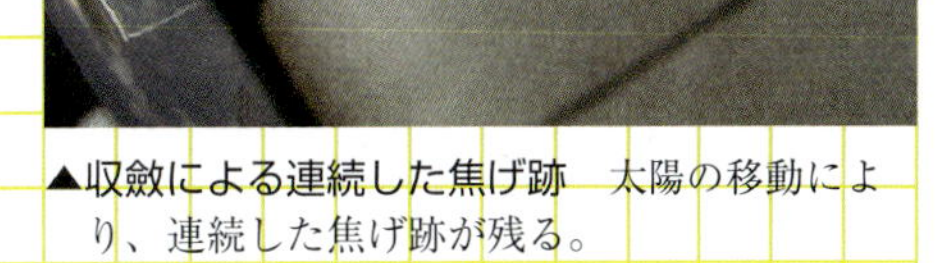

▲収斂による連続した焦げ跡　太陽の移動により、連続した焦げ跡が残る。

2　老眼鏡による出火

凸レンズを使っている老眼鏡は、度数の強いものほど短距離で収斂が起きる。ダッシュボードの上などに置いた老眼鏡が、太陽光を収斂して出火する危険性はあるといえる。

▲老眼鏡収斂

3　ペットボトルによる出火

水入りのペットボトルが、太陽光を収斂して火災になった例がある。丸形のペットボトルに水を入れて車内で実験したところ、ダッシュボードが焦げた。

▲ペットボトル収斂

4　アルミホイールによる出火

メッキ処理をしてある凹面形状のアルミホイールは、太陽光を収斂する。比較的太陽が低いときに収斂しやすい傾向があり、自車ではなく、周囲の車や可燃物を発火させることがある。

▲凹面形状のアルミホイール

プラスα

▶国民生活センターの報告によると、アルミホイールの付近に置いた新聞紙の束やゴミ袋が、収斂により発煙又は発火したとある。
（http://www.kokusen.go.jp/test/data/s_test/n-20081106_1.html）

▶収斂火災は、太陽光の強さだけでなく、太陽の高さや向き、収斂を起こす凸レンズや凹面鏡の役割を果たすもの、収斂部との距離や可燃物など、様々な条件が一致したときに発生する可能性がある。火災が発生する確率は非常に低いと思われるが、皆無ではないということを忘れないようにしたい。

CASE3 発炎筒による出火

▲発炎筒による車両火災　出火元から上に燃え広がるという、火災の特徴があらわれている。

路上にあった規制用の発炎筒（燃焼時間約15分）の火が、その上に止まっていた車に燃え移ったと思われる火災事例もある。エンジンアンダーカバーが燃えており、その後、火災が拡大してほぼ全焼に至っている。

類似車両で、同じような発炎筒を使用して実験を行った。発炎筒の炎の温度は約1400℃。２分程度で上方のアンダーカバーは400℃程度になり、表面は溶融状態でツヤが出ている（写真①）。

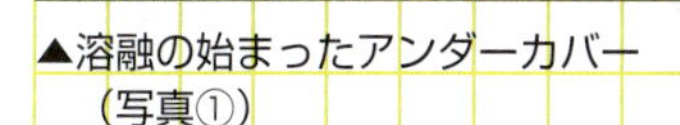

▲溶融の始まったアンダーカバー（写真①）

▲着火して玉状の炎が発生(写真②)

▲完全に着火して炎上（写真③）

溶融状態部分の範囲が広がって発煙が始まり、４分程度で小さな玉状になった部分が着火（写真②）。

７分程度で炎が生じて、時間経過とともに炎は大きくなった（写真③）。

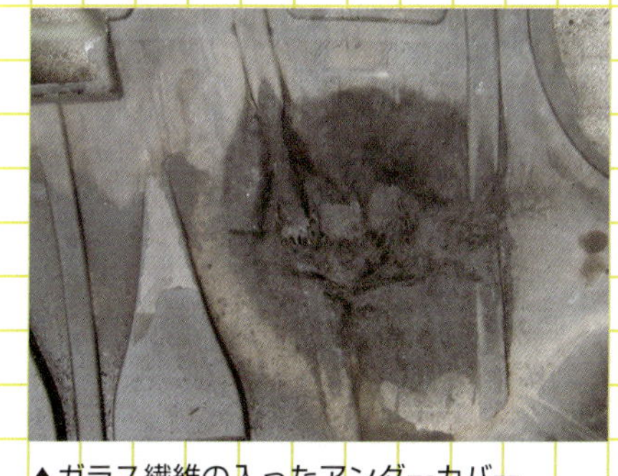

▲ガラス繊維の入ったアンダーカバー

実験は、アンダーカバー平面部の下に発炎筒を置いたが、アンダーカバーの端部であれば、さらに短い時間で着火すると思われる。

実験車のアンダーカバーは、ガラス繊維混合のポリプロピレン（PP）製である。一般的なアンダーカバーはPPのみなので、さらに着火しやすいといえる。

CASE4 たばこによる出火

1　たばこの火による出火

シートは難燃性素材なので、火のついたたばこをシート座面に置いても、周囲が焦げるだけで発火しにくい。

温度やシートの乾燥状態や傷み具合などによっては、発火することもある。また、たばこを落としたシート座面にほかの可燃物があると出火しやすいといえる。

たばこによる出火は、発火までに時間がかかることが多い。

難燃性素材でないクッションの上に火のついたたばこを置くと、クッションは無炎燃焼を始め、その範囲は全体に及んだ。

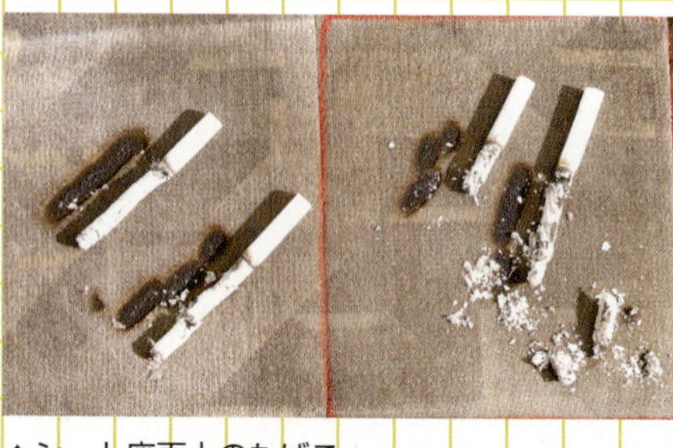

▲シート座面上のたばこ

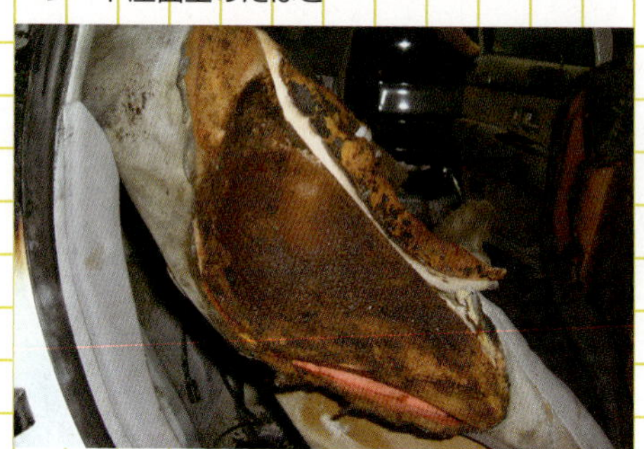

▲たばこにより燃えたリアシート　条件によっては、たばこの火でウレタンが溶融して着火することがある。

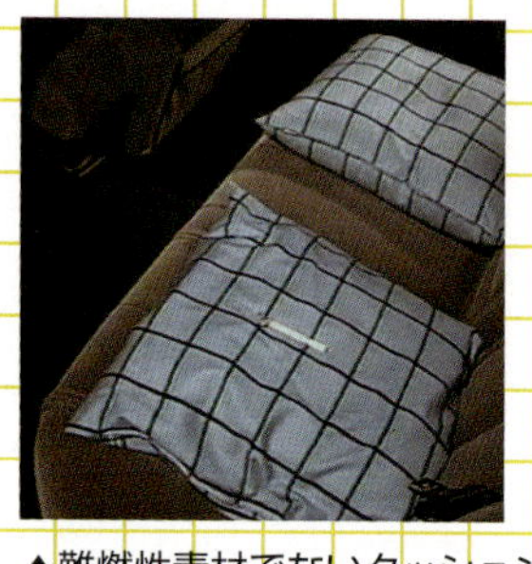

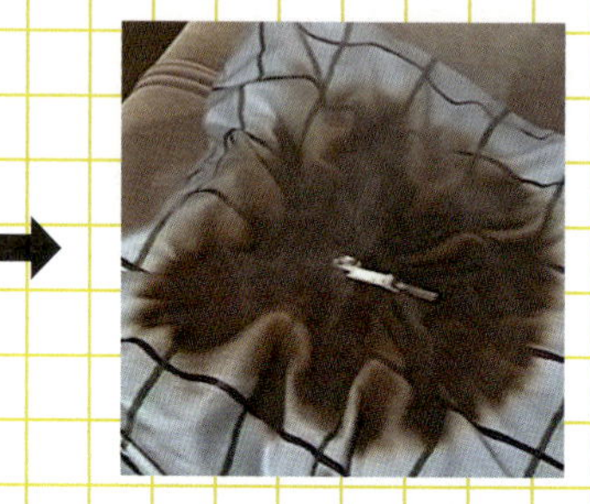

▲難燃性素材でないクッション上のたばこによる出火

難燃性素材のシートであっても、可燃性のものが存在するとシートが発火して火災が拡大する。シート座面での出火からシートバック、天井へと延焼し、車室内火災に発展する。

▲シート座面着火

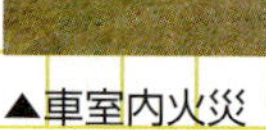

▲車室内火災

2　灰皿からの出火

車両に備付けの灰皿は、耐熱プラスチック製であるが、吸い殻が多くなってきちんと閉まらなかったり破損していると、中の吸い殻が燃えて、周囲に延焼し車両火災につながることがある。

なお、灰皿から出火した場合は灰皿内の吸い殻が激しく焼損する。

▲開いた状態の灰皿

▲ドア装着の灰皿

ドリンクホルダーにセットする汎用灰皿を使うケースも多い。こうした灰皿はプラスチック製が多く、各種の製品が出回っている。正しく使用しないと火災につながるおそれがある。

▲汎用灰皿

プラスα

▶国民生活センターが、市販のプラスチック製灰皿について商品テストを行った結果が公表されている。その結果によれば、蓋を閉めないと底に穴の開くものがあったという。こちらも使い方を誤ると、車両火災につながる危険がある。

(http://www.kokusen.go.jp/pdf/n-20081106_2.pdf)

CASE5 逆火（バックファイヤー）やランオンによる出火

四輪車、二輪車ともガソリンの供給は長い間、霧吹きの原理を応用したキャブレター式であった。また、二輪車のエンジンの始動方式は、足踏み式のキックスターターが多かった。

「逆火」と「ランオン」。なじみのない言葉だと思うが、キャブレター式の車に起きる現象で、逆火は二輪車に多く見られる。

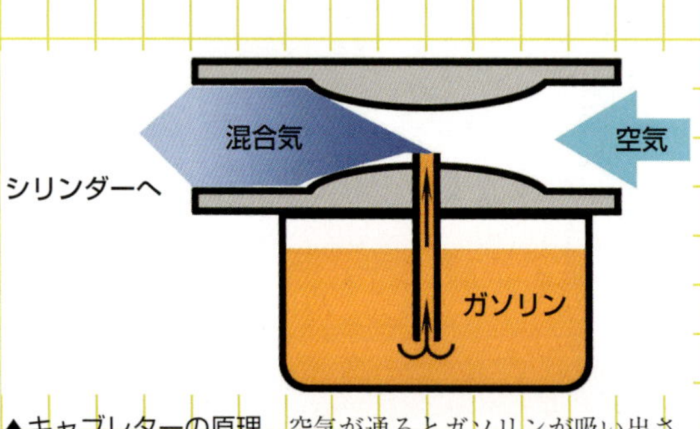

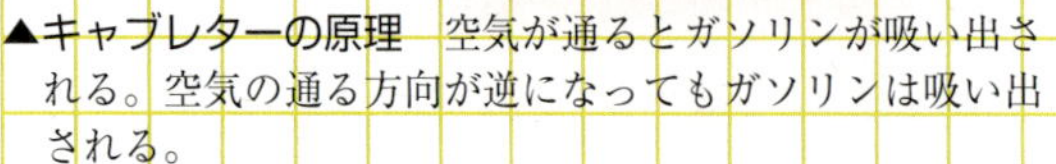
▲キャブレターの原理　空気が通るとガソリンが吸い出される。空気の通る方向が逆になってもガソリンは吸い出される。

▲キャブレター方式の二輪車

1　逆　火

エンジン始動時に、キックを完全に下まで踏み切ればよいのだが、力不足だと上死点前の燃焼圧力に負けて、エンジンが逆回転することがある。

逆回転すると吸気バルブが開き、燃焼ガスが火炎となって吹き出すことを逆火といい、火炎はキャブレターからエアクリーナーに達する。燃焼ガスが、キャブレターからガソリンを吸い出してエアクリーナーへ向かうので火勢は大きくなり、火災になることがある。

作業機械のエンジンに多いリコイル式スターターも、ひもの引き方が弱いと起きる場合がある。

▲逆火

2　ランオン

エンジンキーをOFFにしても、燃焼室内に堆積したカーボンなどが熱源になり、吸入された混合気に着火して、回転を続ける現象。長時間続くと車両火災につながることがある。

逆火やランオンについては、以前はよく知られている現象であったが四輪車はいうにおよばず、二輪車も、電子式燃料噴射装置全盛の現在では忘れられている。旧車の車両火災で、原因究明に必要なこともあるので、頭の片隅にでも入れておこう。

ごくまれではあるが、電子式燃料噴射装置でも燃料噴射弁の閉まりが完全でないと起きることがある。

CASE6　摩擦熱による出火

1　ブレーキの引きずり

整備不良で、常にブレーキがかかった状態のまま走行すると、過熱して出火することがある。パーキングブレーキの戻し忘れでも発生することがある。

▲ブレーキ警告灯

ブレーキが原因の火災では、ブレーキライニングが焼損・焼失していたり、ブレーキドラムも高温化した痕跡があり、判断しやすい。

▲大型車のブレーキライニング

▲大型車のブレーキドラム　熱により細かいひび割れ（クラック）や硬化が起きている。こうしたものは変形の可能性が高い。

2　ハブベアリング

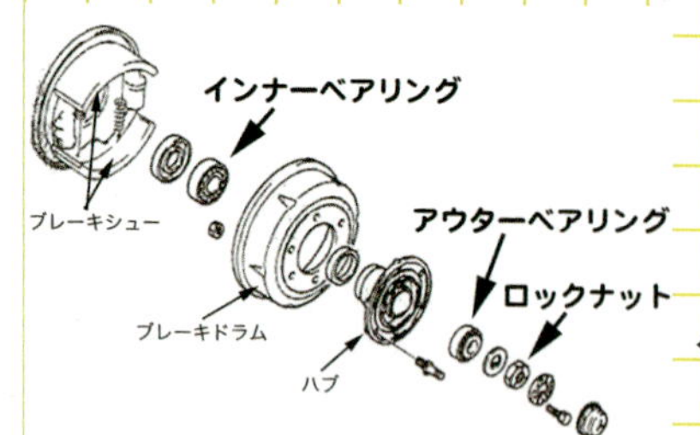

　重量のある大型車に多く、車や積載物の重量を支えているハブベアリングの不良や整備不良により、過熱して出火する。ベアリングがボロボロになっていたりするので判断しやすい。
　同時にブレーキライニングも過熱する。

◀大型車のハブ分解図（フロント）　テーパーローラーベアリングが、内側（インナーベアリング）と外側（アウターベアリング）の対で用いられ、外側からロックナットでベアリングを締め付けてガタをなくしている。

▲ハブベアリング不良1

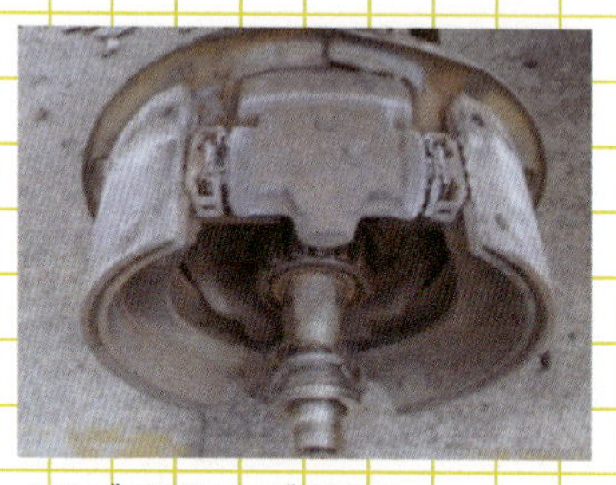

▲ハブベアリング不良2

▲ハブベアリング不良3

3　プロペラシャフトとジョイント

　大型車の場合、プロペラシャフトを支えるセンターベアリングやジョイントのベアリングが、摩耗や変形、グリス切れなどで発熱して出火することもある。

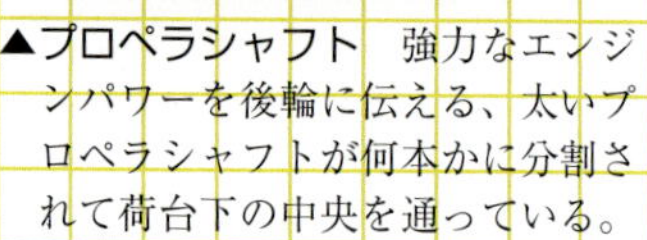

▲プロペラシャフト　強力なエンジンパワーを後輪に伝える、太いプロペラシャフトが何本かに分割されて荷台下の中央を通っている。

▲センターベアリング　分割されたプロペラシャフトは、センターベアリングによって保持されている。

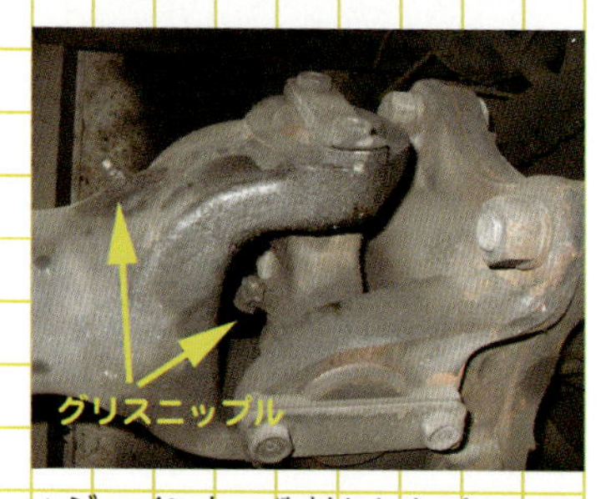

▲ジョイント　分割されたプロペラシャフトは円滑に動力が伝達できるよう、ジョイントやスプライン部で連結されている。それぞれにグリス補充用のニップルが付いている。

CASE7 タイヤ関連

タイヤは可燃性のゴムなので、過熱により出火する。

1　タイヤの空転

タイヤがスリップした状態で、アクセルを踏んで脱出しようとしたとき、長時間周囲のものと接触して空転することで、摩擦により発熱し出火することがある。

2　パンクや空気圧不足

▲パンク状態のタイヤ

タイヤの変形が大きくなるため、発熱して出火することがある。また、タイヤがホイールから外れたままで走行すると、タイヤから出火することもある。

3　異径タイヤ

4WD車で、前後のタイヤサイズが違う、あるいは極端な摩耗の違い、空気圧の不ぞろいなどがあると、直進状態であっても前後タイヤの回転差が出るため、負担がかかった駆動系から出火することがある。タイヤやホイールのサイズ確認、整備歴の確認が必要。

▲タイヤサイズの表示

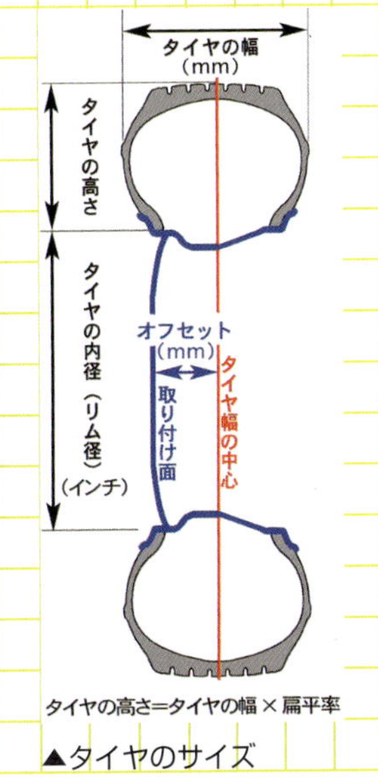

▲タイヤのサイズ

8 特異な車両火災

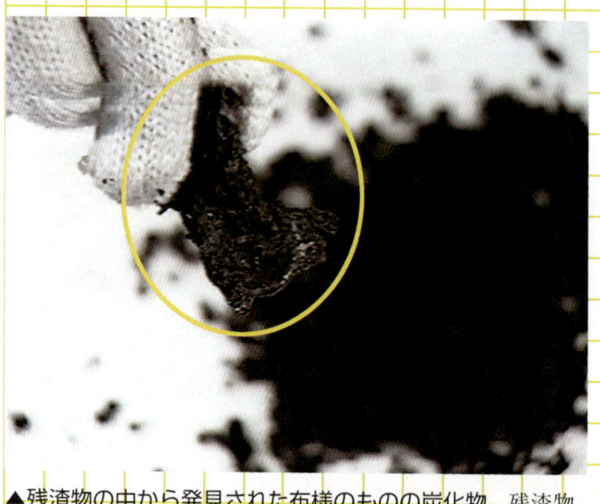
▲残渣物の中から発見された布様のものの炭化物　残渣物の位置から車両に使われることのないものであれば、放火の疑いが強まる。

事故と車両火災が重なっている場合、車内にガソリンなどを撒いて火を着け、その後、走行して事故を起こした自放火の可能性もある。

事故現場の車両内や周辺にガラス片が少ない場合は、手前にガラス片がないかなどを確認する。火を着けた時点で、爆発が起きガラスが割れることもある。こうした場合、車内の油分反応のチェックは欠かせない。

出火場所は特定できたが、出火要因が見つからない場合、放火の可能性が高いといえよう。出火場所付近の残渣物を入念に調べ、必要に応じて油分や助燃剤の検出を行う。

車両火災では、その再現が必要な場合もあるが、車両自体からの出火の場合、同じように火災を再現させることは、ほぼ不可能といってもよいほど困難である。

車両火災は部品を取り外す工具や構造等の専門知識が必要になることもあるので、車両メーカーや修理工場、部品メーカー等に協力を求める必要がある。

プラスα

警告灯

☞調査時には警告灯点灯の有無も必要。赤色は直ちに処置が必要。黄（橙）色は速やかに点検。輸入車であっても色やマークは類似している。

油圧警告灯
エンジンオイルの油圧低下で点灯

油量警告灯（装備車は少ない）
エンジンオイルの量不足で点灯

充電警告灯
発電不良で点灯

ブレーキ警告灯
ブレーキ液面低下などで点灯
パーキングブレーキの作動で点灯

ABS警告灯
ABS制御システム異状で点灯

エンジン警告灯
エンジン制御システム異状で点灯

排気温警告灯（平成10年以前）
触媒の異常高温で点灯

シートベルト警告灯
シートベルト未装着で点灯

エアバッグ警告灯
エアバッグ制御システム異状で点灯

燃料残量警告灯
燃料の残量が少なくなると点灯
点灯後50km程度は走行できる

上記は代表的なもので、車によってはこのほかにも警告灯が装備されている。

第5章

ハイブリッド車などの概要

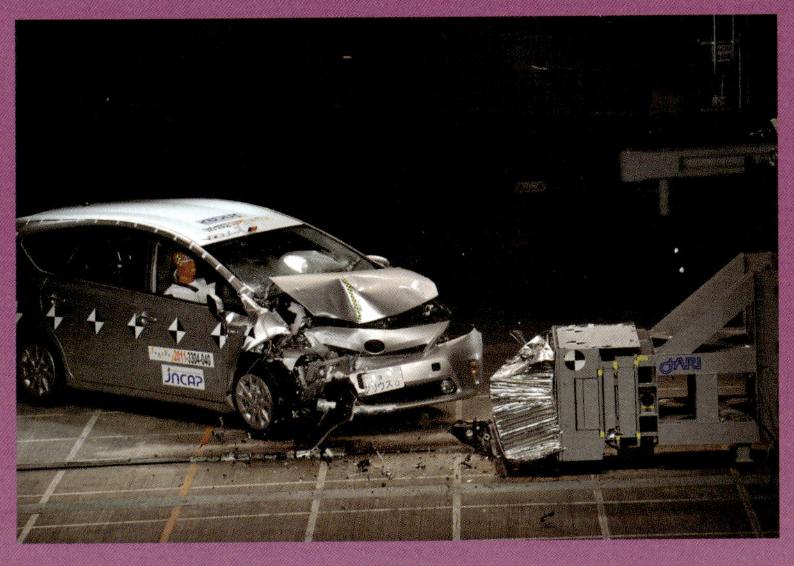

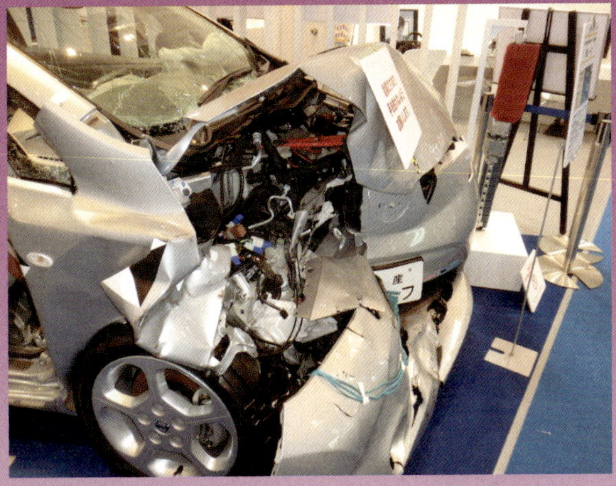

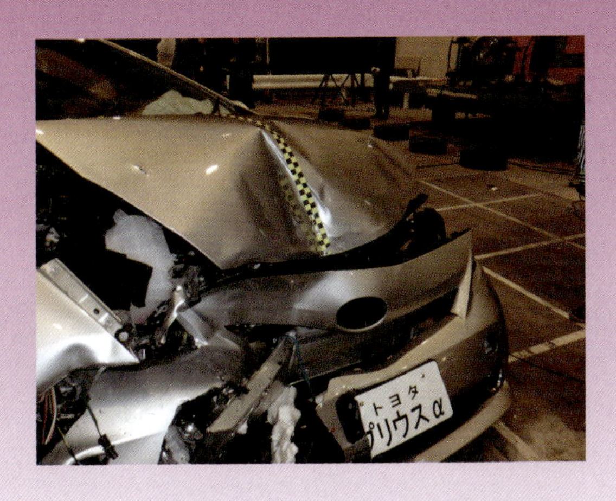

1 ハイブリッド車（HV）の基本構造

HVは、エンジンのほかに駆動用バッテリー（HVバッテリー）、モーター（三相交流の走行用モーターで減速時は発電機になる）、インバーター(電流や電圧の変換・制御機構)、専用発電機などで構成される。なお、代表的な駆動方式には次のものがある。

トラックやバスのハイブリッド車もあるが、基本は同じである。

▲ハイブリッド機構／プリウス

1　HVの駆動方式

（1） パラレル方式

主としてエンジンの動力で走行し、出力が必要な場合はバッテリーでモーターを駆動する。専用発電機はなくシンプルな構造でモーターだけの走行ができるものもある。

ホンダ、日産がこの方式である。

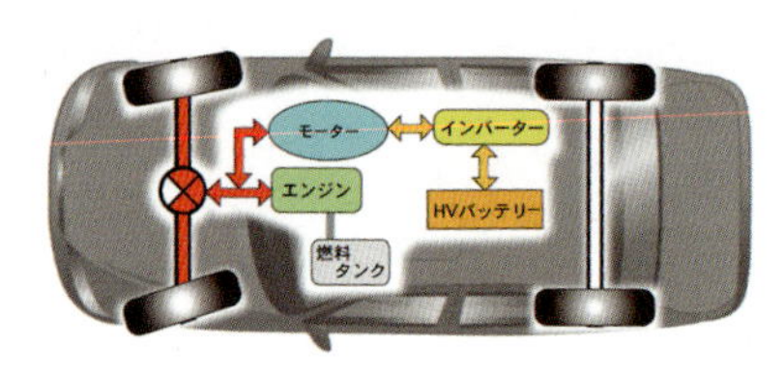

▲パラレル方式

（2） シリーズ方式

エンジンが発電機を回し、HVバッテリーを充電しながらモーターだけで走行する。発電所を搭載した電気自動車ともいえる。

マツダ、スズキ（PHV）が試作。三菱がアウトランダー（PHEV）、GMがボルト（PHV）を市販している。

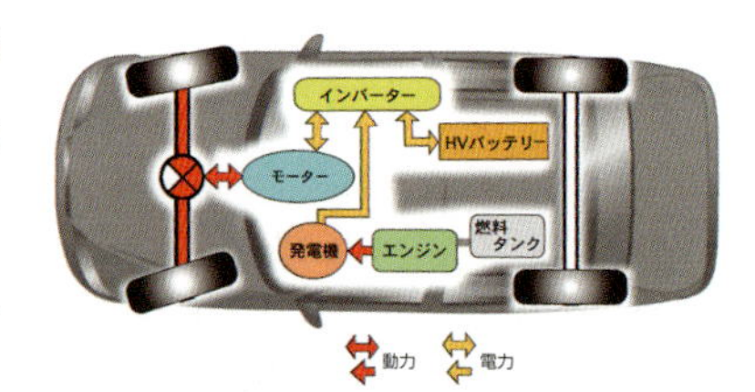

▲シリーズ方式

（3） スプリット方式（パラレル・シリーズ併用方式）

走行条件に応じてパラレル、シリーズ両方式の走行をする。専用発電機やエンジンとモーターの動力をミックスする動力分割機構などが必要で、構造が複雑になる。

トヨタ系の乗用車に使用されている。

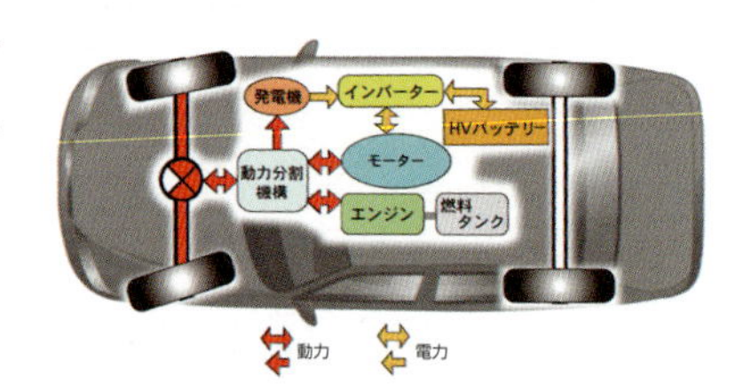

▲スプリット方式

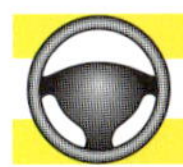

2　市販されているHVのバッテリー

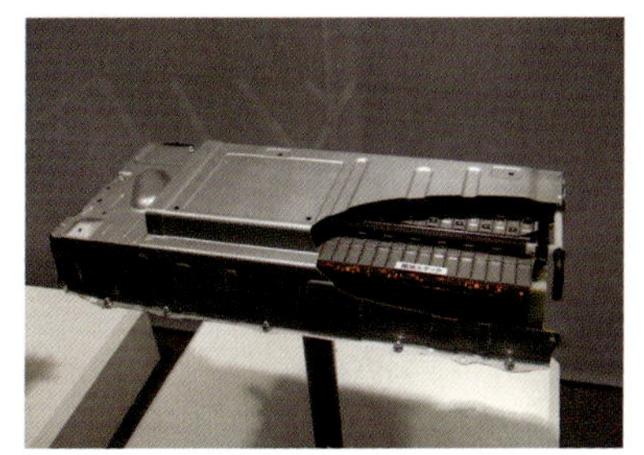

▲ニッケル水素電池／プリウス

現在市販されているHVのHVバッテリーは、ニッケル水素電池を使用しているが、フーガHVとプリウスαの7人乗りはリチウムイオン電池を使っている。

3　プラグインハイブリッド車（PHV）

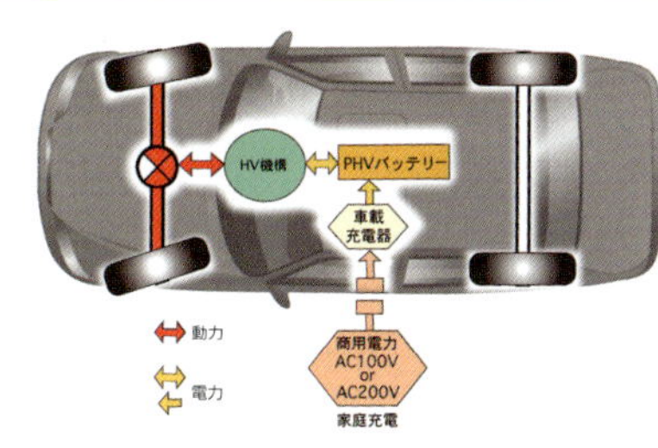

▲プラグインハイブリッド車　「HV機構」は、パラレル方式、シリーズ方式、スプリット方式のいずれかを搭載する。

HVバッテリーの電池容量を増したPHVバッテリーを搭載し、家庭用電源で充電できる。前述の3方式のいずれにも応用できる。

短距離は電気自動車として使用でき、駆動用バッテリーの電力がなくなると、通常のHVになる。

国産車で市販されているのはスプリット方式のプリウスPHVとシリーズ方式のアウトランダーPHEVで、PHVバッテリーはいずれもリチウムイオン電池を使用。

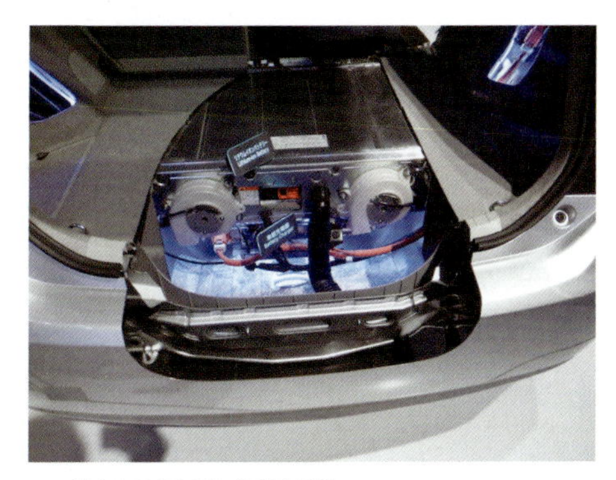

▲プリウスPHV（量産型）

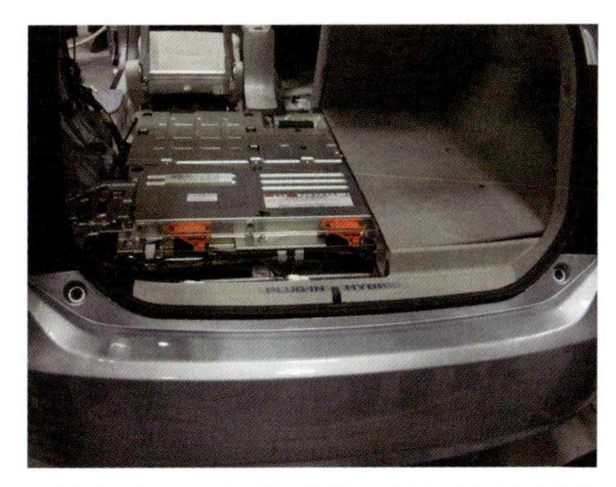

▲リチウムイオン電池／プリウスPHV（限定型）

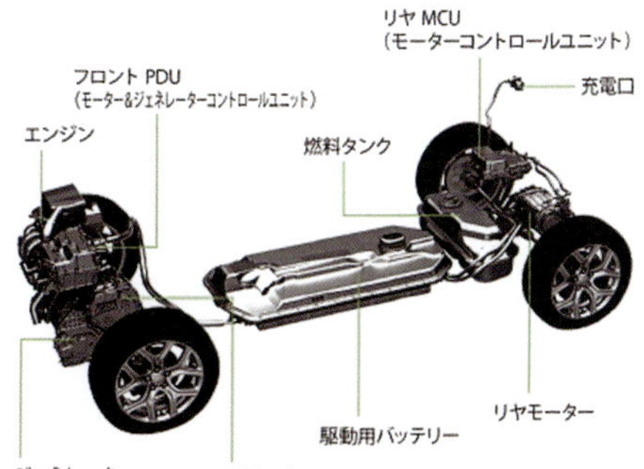

◀アウトランダーPHEV

2 EVの基本構造

電気で走行する電気自動車について紹介しよう。

バッテリー式のEVは100年以上の歴史があり、ガソリン車の歴史よりも古いが、その後ガソリン車が全盛を極めた。戦後日本で製造・販売されていた「たま号」は、鉛バッテリーと直流モーターを使用。

電気自動車というと、このようにバッテリーで走行する車を連想するが、車に搭載した水素と空気中の酸素を燃料電池（FCスタック）の中で化学反応させて電力を起こし、その電力で走行するFCV（FCEV）が一般ユーザーに市販され始めた。

本書では便宜上電気モーターだけで走行する車をEVと称し、その中で燃料電池により発電する車をFCVと呼ぶこととする。

▲たま号

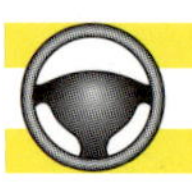

1　EVの駆動方式

モーター（三相交流の走行用で、減速時は発電機になる）と大容量の駆動用バッテリー（EVバッテリー）、車載充電器、インバーターなどで構成される純電気式。

▲走行用三相交流モーター／アイミーブ

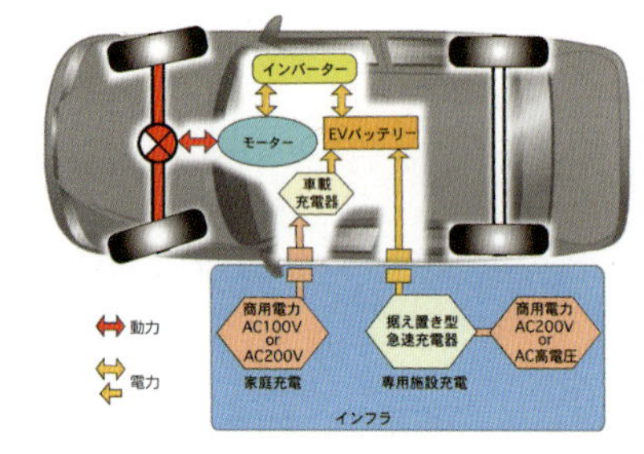

▲EV

2　市販されているEV

（1） アイミーブ（i-MiEV）／三菱／軽自動車

EVバッテリーは、リチウムイオン電池で床下に搭載している。

同じシステムを使用したミニキャブミーブ（MINICAB-MiEV）はライトバン。

▲三菱アイミーブ

（2）　プラグインステラ／スバル／軽自動車

プラグインという名であるが、エンジンのない完全なEV。EVバッテリーはリチウムイオン電池で床下に搭載している。

▲日産リーフ

（3）　リーフ／日産／普通車

EVバッテリーは、リチウムイオン電池で床下に搭載している。

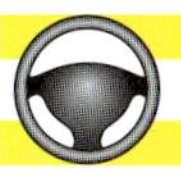

3　FCVの駆動方式

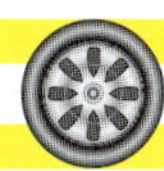

EVと同様であるが、高圧水素タンクと燃料電池を搭載する。燃料電池といっても発電するだけで電気を蓄える能力はないので、ハイブリッド車（HV）のように回生ブレーキ時の電気エネルギー回収やモーター駆動の補助用としてニッケル水素電池などの二次電池を搭載している。

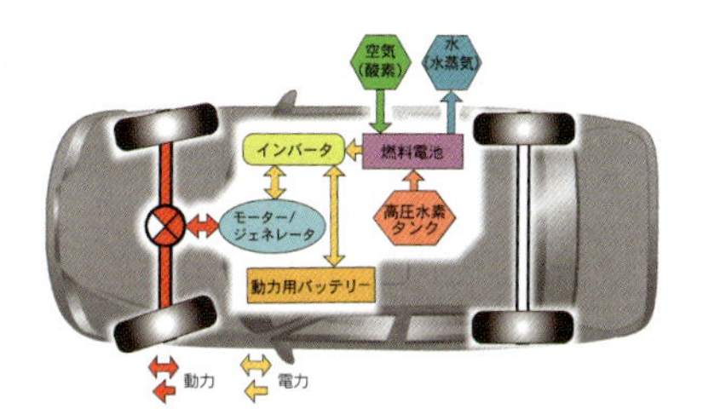

▲FCV

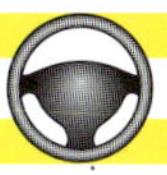

4　市販されているFCV

（1）　MIRAI（みらい）／トヨタ／普通車

水素は70MPaの高圧で充填される。二次電池はニッケル水素電池。

▲MIRAI

(2) Honda FCV CONCEPT／ホンダ／普通車

ホンダからもFCV発売のアナウンスはされている。

▲Honda FCV CONCEPT

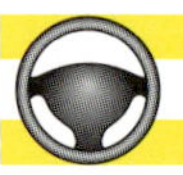

5　駆動用バッテリー

(1) ニッケル水素電池

HVに多く用いられているが、MIRAIもニッケル水素電池である。電解液の水酸化カリウム水溶液は、繊維状のプラスチック（不織布）に染み込ませてあるので、破損しても大量に流出するおそれはない。1.2Vのセルを多数直列にして高電圧を得ている。電解液はpH13.5～14程度の強アルカリ性なので、皮膚につくと冒される。漏れているおそれがあるときは、大量の水で洗い流す。

▲電池セル（単一電池サイズ）／プリウス（初代）　6個を1パックにしたもの(7.2V)が、20×2で288V。

▲角型ニッケル水素電池　1パック7.2Vで必要数を直列にして使用する。

▲ニッケル水素電池パック／プリウス（2代目）

(2) リチウムイオン電池

リチウムイオン電池は、EVのすべてに用いられている。炭酸エステルを主とする有機溶液（非水溶性、可燃性）の電解液は、電極体やセパレーターに染み込ませてあるので、破損しても大量に流出するおそれはない。3.6V程度のセルを多数直列にして高電圧を得ている。電解液が漏れるとガスが発生するが、吸い込まないように注意すること。

▲リチウムイオン電池セル

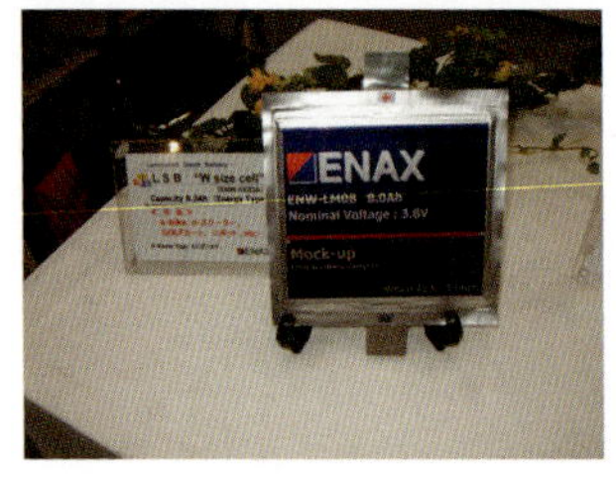

▲ラミネート型リチウムイオン電池セル

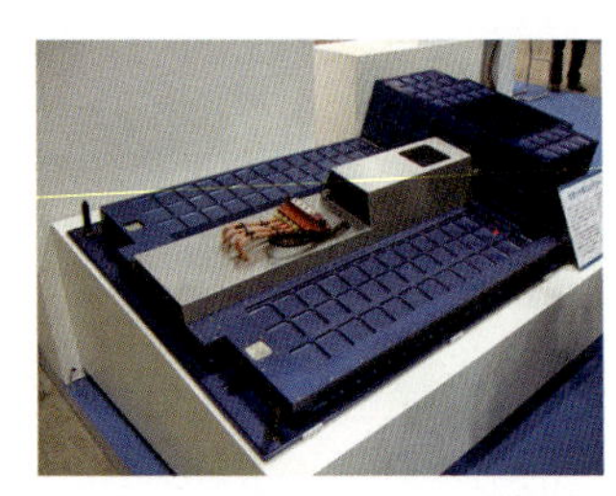
▲カセット式EV用電池ユニット

6　電解液が漏れ出たときの対策

電解液が漏れ出たときの対策は、次表のとおり。

電解液が漏れ出たときの対策

	ニッケル水素電池	リチウムイオン電池
メガネ	眼球保護メガネ	←
ゴム手袋	耐アルカリ性	耐酸性
エプロン	耐アルカリ性	耐酸性
靴	一般の安全靴	←
中和剤	飽和ホウ酸水（粉末ホウ酸800ｇ＋水20ℓ）	－
中和確認	赤色リトマス試験紙	－
吸着材	ウエス	燃料・オイル吸着用マットや砂、ウエスなど。
使用吸着材回収		密閉容器

電解液に触れた際の処置（ガイドライン）

	ニッケル水素電池	リチウムイオン電池
皮膚に付着した場合	すぐに大量の水で洗い流す。	すぐに大量の水と石鹸で洗い流す。
	付着した衣類はすぐに脱ぐ。	←
目に入った場合	大声で助けを求める。	←
	目をこすらず、すぐに大量の水で洗い流す。	目をこすらず、すぐに大量の水で15分以上洗い流す。
	専門医の診断を受ける。	←
誤飲した場合	無理に吐かせない。	←
	大量の水を飲ませる。（意識を失っているときは飲ませせない。）	大量の水か食塩水を飲ませて吐かせる。（意識を失っているときは飲ませせない。）
	嘔吐が起こった場合は窒息しないようにする。	←
	最寄りの救急医療機関へ移送する（救急車要請）。	←
蒸気を吸引した場合	安全な場所に運び、酸素を吸入させる。	←
	最寄りの救急医療機関へ移送する（救急車要請）。	←

（各社資料より抜粋）

7　高電圧ケーブル

HV、PHV、EVなどの電動自動車の高電圧系統のケーブルや配線類などは、オレンジ色となっており、海外を含む各メーカー共通である。そのため、不用意に破損したオレンジ色の部分に手を触れないようにする。

▲エンジンルーム／プリウスPHV

▲エンジンルーム／アメリカのGM社のHV

高電圧ケーブルは、床下を通っており、車内に配置されていないので救助には支障ない。エスティマHV（2代目）とアルファードHV（2代目）（ヴェルファイアHV）、プリウスα（7人乗り）のバッテリーはセンターコンソールに、アルファードHV（初代）は前席下にあるので、その周辺が破損しているときは要注意。

▲床下／プリウス（3代目）

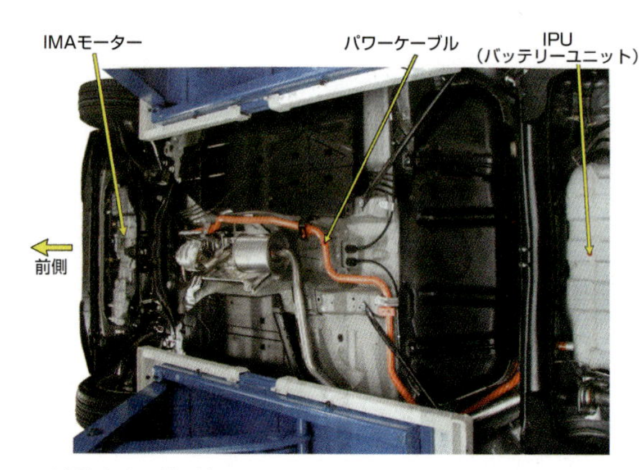

▲床下／インサイト

高電圧のHV、EVバッテリーは、プラス・マイナスとも、ボディとは絶縁されており、リレーを介して出力しているので、キースイッチを切るなどで遮断される。

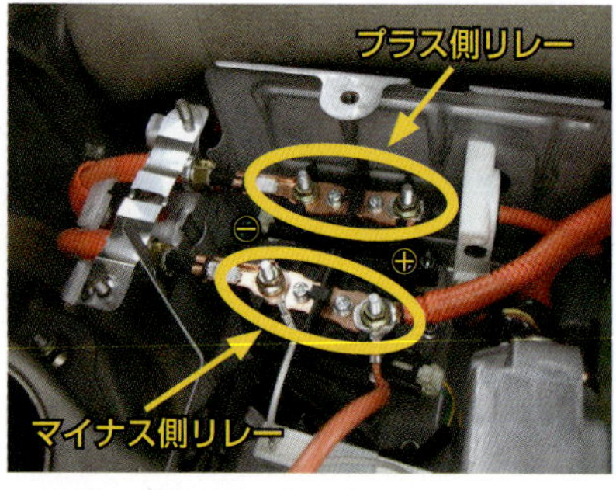

▲絶縁／プリウス（2代目）

8　作業に当たる際の注意

作業に当たる際の注意は、次表のとおり。

作業に当たる際の注意

作業前	高電圧システムの停止を確認（下記のいずれかを満たすと停止する） 車によってはエアバッグが開くような大きな衝撃で自動停止する。 イグニッションスイッチOFF(スマートキーは要注意) 指定のヒューズやリレーを外す（どれか分からないときは、すべてを外す）。 補機バッテリー（12Vバッテリー）のマイナスターミナルを外す。 駆動用電源遮断装置を操作する（サービスプラグを外す、メインスイッチをOFFにする）。
	高電圧ケーブルなどに触れたり、触れるおそれのあるときは絶縁手袋や保護メガネを着用 サービスプラグやメインスイッチの操作時にも着用
	高電圧回路はプラス・マイナスともボディと絶縁されている。 基本的にはボディに触れても感電のおそれはない。
作業中	高電圧システムが停止していれば駆動用バッテリーケース内で電源は遮断される。 バッテリーケース以降の回路での感電のおそれはない。 安全のためオレンジ色の高電圧ケーブルや高電圧部品に触れない。 （特に、むき出しの端子や被覆が破損して芯線の出た配線） 高圧電子部品に蓄電されているおそれがあるので、システム停止直後は破損部に触れない。 触れる箇所とボディとの電圧をテスターで確認する（30V以下OK）。
	外したサービスプラグを誤接続しないよう作業者が身につけておく。 OFFにしたメインスイッチをONにしないよう蓋を仮止めしておく。
	「高電圧作業中　触るな」の標示（※）

▲高電圧作業中の標示（※）

高電圧対策

	ニッケル水素電池	リチウムイオン電池
人体保護	絶縁手袋、絶縁ゴム底安全靴 耐電圧400～600V以上	←
	眼球保護メガネ	←
露出部の絶縁	絶縁テープ	←
電圧確認	サーキットテスター	←

（各社資料より抜粋）

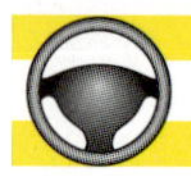

9　HV・EVの安全対策

HVやEVの高電圧バッテリーからの電線は、プラス・マイナスともボディとは直接接続されていないので、ボディとプラス、あるいはボディとマイナスのいずれとの間にも電圧差は生じない。なお、タイヤはゴム製だが電導性があるので、ボディと地面は同電位（0V）と考えられる。

したがって、人がプラスあるいはマイナスに触れたとしても感電することはない。かといって、不用意に触れることは避けるべきである。

ただし、システムが稼働中（キーONの運転状態）にプラス・マイナスの両極に触れれば、感電する。

通常の12Vバッテリーはプラスの電線がヒューズボックスなどに接続されており、マイナスの電線はボディの金属部に接続されているので、プラス側に触れれば感電しているはずなのだが、電圧が低いので体内に流れる電流は微弱であることから感じないだけである。

・直接接触に対する保護：**高電圧部分**に直接触れさせない。
・絶縁抵抗の確保：**高電圧部分**と他の導電部分は絶縁されている。
・間接接触に対する保護：**高電圧部分**から他の導電部分に漏電した場合においても感電させない。

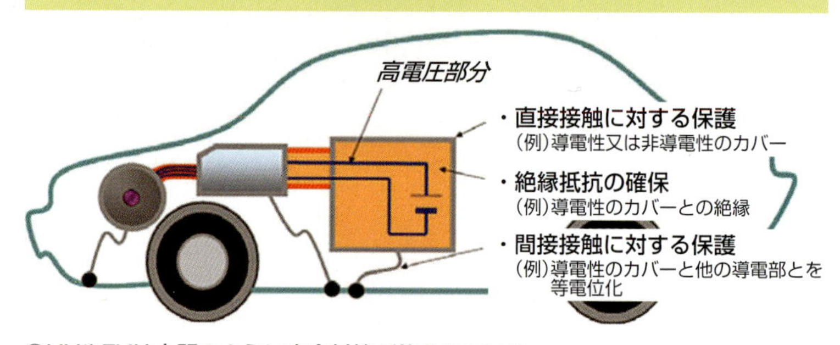

◎HVやEVは上記のように安全対策が施されている。

▲乗車人員を感電から保護するための概念

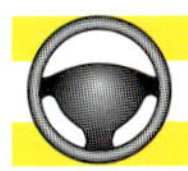

10　感電

家庭用のAC100Vは片側が接地されているし、送電系の三相交流も一端が接地されている。

したがって、接地側（コールド側）に触れても電圧差がないので感電はしないが、接地側以外（ホット側）に触れると地面を通って電気が流れるので感電する。ただし、鳥が止まっても地面に触れないので感電はしない。

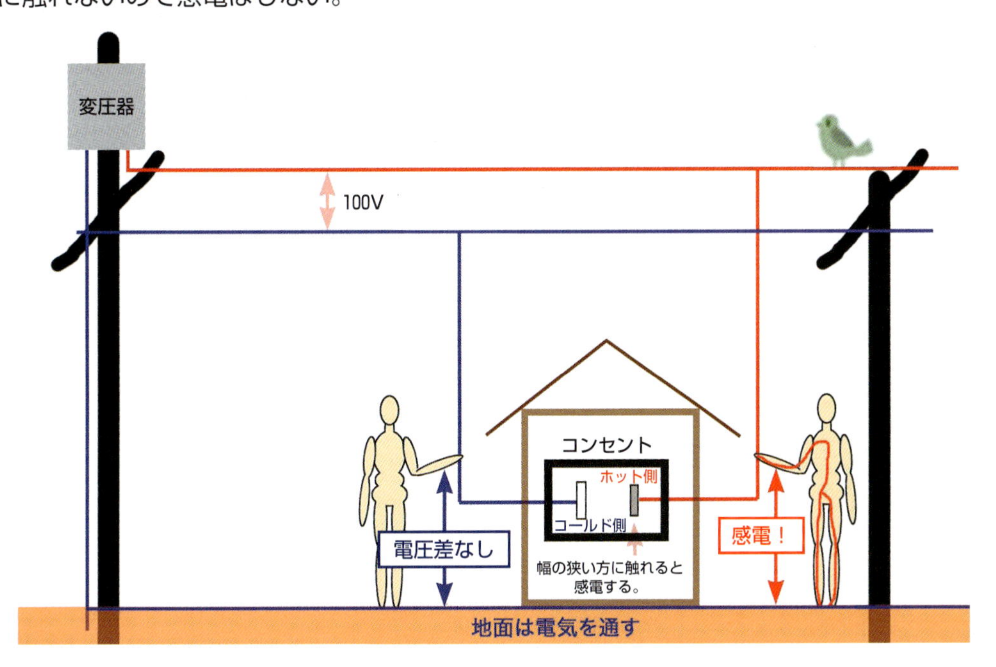

ボディに触れても感電しない！

☞バッテリーのプラス、マイナスいずれかの高圧電線の芯線が、ボディに接触した状態であっても、地面との間に電位差はないのでボディに触れても感電しない。

11　高電圧回路の遮断

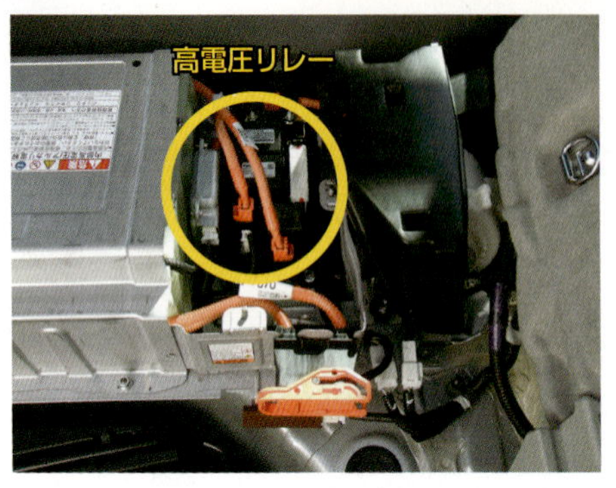

▲バッテリーケース内の高電圧回路／プリウス（3代目）

高電圧回路を遮断するには、キースイッチOFF、関連のヒューズやリレーを外す、12Vバッテリー（補機バッテリー）のマイナスターミナルを外すなどで高電圧リレーがOFFになり通電は遮断する。衝突の衝撃で高電圧リレーがOFFになる車が多い（巻末「ハイブリッド車（HV）、プラグインハイブリッド車（PHV）、電気自動車（EV）の駆動用バッテリー・電源遮断装置など」参照）。

これらとは別に緊急時や整備時にHV、EVバッテリーの電流を強制的に遮断する装置が付いている。

▲サービスプラグタイプ

（1）　サービスプラグ

トヨタをはじめレクサス、ダイハツ、日野、スバル、日産、三菱、マツダ、ホンダが採用している。メーカー、車種で形状は異なる。サービスプラグを抜くと直列接続されたバッテリーの一部が遮断される。

▲メインスイッチタイプ

（2）　メインスイッチ

ホンダが採用していたメインスイッチの形状は2種類ある。

スイッチをOFFにすると直列接続されたバッテリーの一部が遮断される。

HV、PHV、EVの共通取扱い事項

☞いずれも、操作時に絶縁手袋を使用するよう指示されている。

☞誤った扱いをすれば、高電圧の感電で重大な傷害、あるいは死亡ということも考えられるが、正しい扱いをすれば危険はない。

3 HVやPHV、EVの取扱いについて

各社からハイブリッド車（HV）や電気自動車（EV）が発売されている。こうした車は、駆動用の高電圧バッテリーを搭載している。安全な救助を行うためには車の構造を知っておく必要がある。

1　見分け方

HVやPHV、EVの見分け方については、プリウスやインサイトなどのHV専用車はその外観から判断はつく。

独特な形状のEVやFCVは簡単に見分けられるし、ガソリン車と同型のEVは排気のためのテールパイプがないので、後部を見れば判断はつく。

ガソリン車と同じボディのHVやPHVは、HVやPHVのエンブレム（マーク）や、グリルなどの細部の違いだけのことが多く、瞬時の判断は難しいこともある。不明の場合は当事者に確認をとるのが最善の方法。

▲アイミーヴの後部

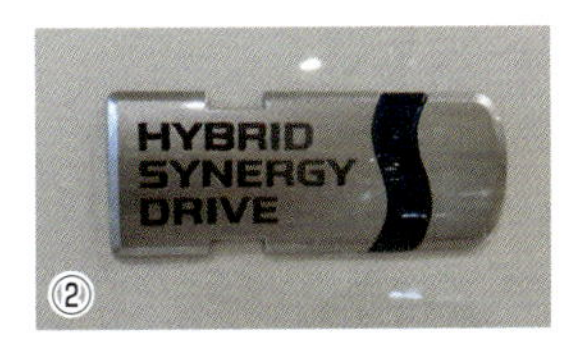

▲HV、PHVの見分け方（エンブレム）　エンブレムは、フロントフェンダー、リアゲートやトランクに付いていることが多い。

写真①：トヨタHVのエンブレム
写真②：トヨタHVのエンブレム
写真③：トヨタPHVのエンブレム
写真④：ホンダHVのエンブレム

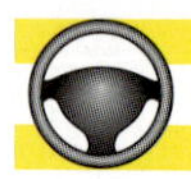

2　取扱いの注意点

駆動用バッテリーの高電圧は危険なので、十分な注意は必要であるが、正しい対処をすれば過度に恐れる必要はない。

放水の水によって感電するのではと心配する向きもあるが、高圧電極のプラス、マイナス間に水がかかったとしても、水没時と同様にその箇所で電流が流れるだけで、水を伝わって感電するようなことはない。

漏電が起きるとリレーが遮断して、電気はバッテリーケースより外へは出ない。

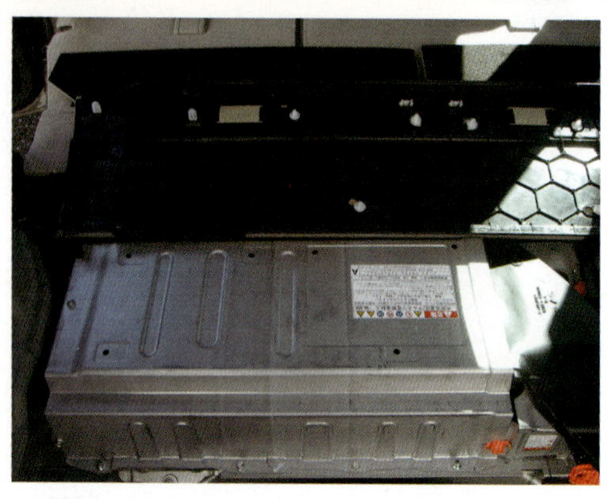

▲駆動用バッテリー／プリウス（3代目）

高圧バッテリーは、金属ケースに収められているので、外部へ電気が漏れる危険はない。

PHV、EVで充電中の場合は、充電器の電源をOFFにし、可能であれば充電プラグを抜く。

消火活動中に、むき出しの高圧電源端子の両側を触ることはないと思われるが、万一触れる場合あるいは触れるおそれがあるときは、耐電圧400～600V以上の絶縁手袋を使う。

キースイッチを切れば、バッテリーケース内のリレーにより高圧電源は遮断される。火災で12V系統の配線が焼損すれば、高圧電源リレーはOFFになる。

ホンダフィットHV、ホンダフィットシャトルHV、フリードHV、フリードスパイクHVのレスキュー時の取扱書には、メインスイッチの記述はない。ホンダに確認したところ、レスキュー時にはOFFの必要はないということから記載してないという。インサイト、CR-Z、シビックHVの取扱書には記述があるが、フィットHVと同じでよいという。

リレーの溶融などで通電状態になっているおそれもあるので、原因究明などで車両に接するときは、サービスプラグやメインスイッチで高圧電源を遮断し、触れる箇所とボディ間に電圧のないことをデジタルテスターなどで確認する（30V以下はOK）。

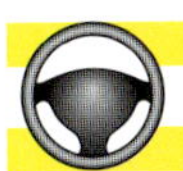

3　FCVの安全対策

MIRAIは可燃性の水素を高圧で貯蔵しているが、水素が漏れたときの対策として水素検知器を搭載しており、万一水素が漏れたときは、警告又は高圧水素タンクの主止弁を遮断して漏れを止める対策が施してある。

また、高圧水素タンクなどの水素系部品は車室外に設置して、漏れた水素は拡散して車内に溜まらないような構造になっている。

万一の事故時には衝突エネルギーを多くの部材に効率よく分散・吸収させ、前面・側面・後面の衝突に対して、FCスタックやタンクを保護するとともに、主止弁を遮断する構造になっている。

FCスタックのフレームには特殊な熱可塑性(ねっかそせい)炭素繊維強化プラスチックを採用し、路面と干渉したときの衝撃を吸収して、FCスタックを保護する構造となっている。

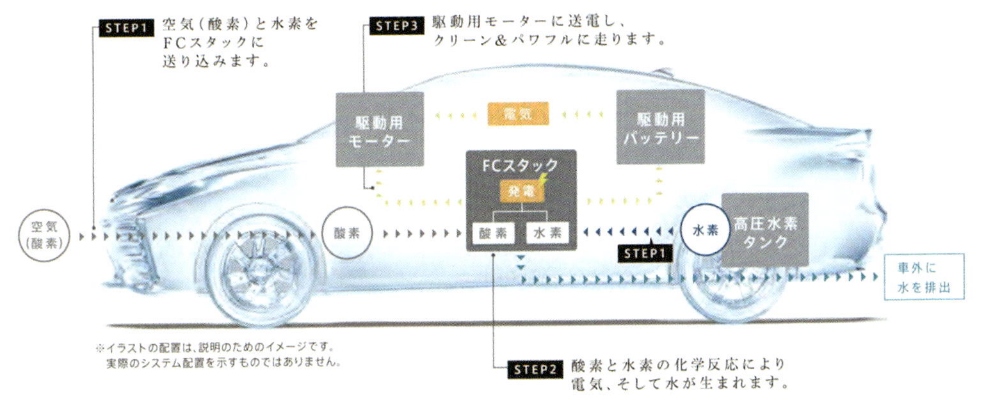

▲MIRAIのイメージ図

プラスα

衝突時の安全性

▶時速64㎞での正面衝突を想定したHVやEVの試験でも、漏電などはなく安全性は確認されている。

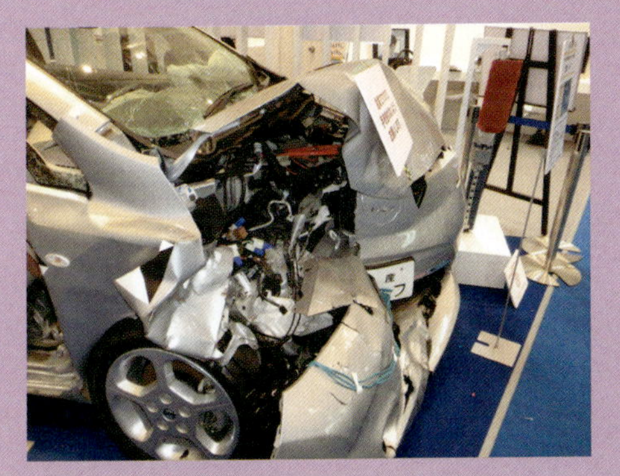

▲衝突実験後のリーフ

▲衝突実験の後のプリウスα

4 サービスプラグやメインスイッチの位置と操作方法

1 トヨタのHVとPHV

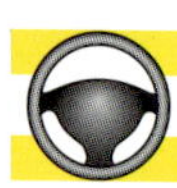

トヨタのHVとPHVのサービスプラグは、５タイプある。

◆プリウス（初代・W10）◆

サービスプラグは、トランク内リアシート後部右側にある。カバーを開くとアクセスできる。

サービスプラグは、大型で、起こしてから引き抜く。この車種のみだが便宜上「T-Ⅰ型」とする。

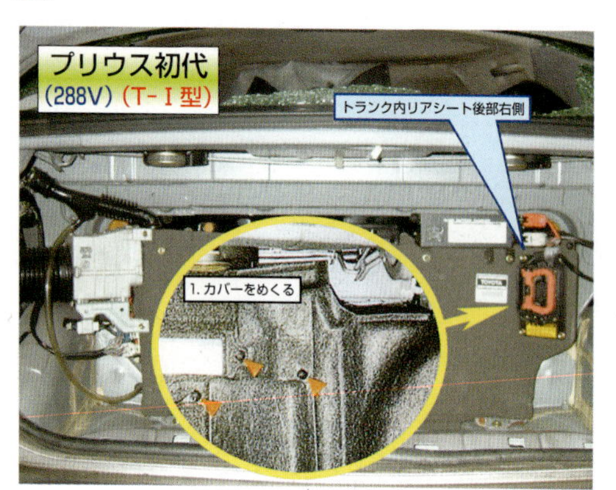

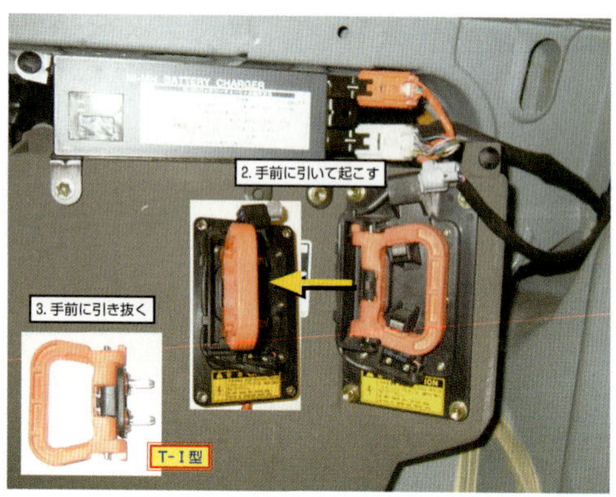

▲サービスプラグ（T-Ⅰ型）の位置と操作方法／プリウス（初代）

プラスα

▶車の型式は車検証やエンジンルーム、運転席ドアのBピラー下部などにあるコーションプレートに記載されている。

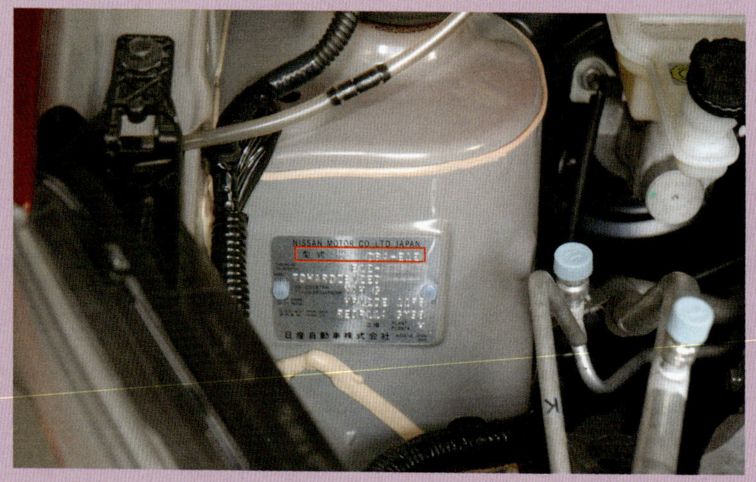

▲コーションプレートの一例

◆プリウス（初代マイナーチェンジ後・W11）◆

サービスプラグは、トランク内フロア下前部左側にあり、カバーをめくるとアクセスできる。「T-Ⅰ型」よりはるかに小型で、ロックを起こして引き抜く。便宜上「T-Ⅱ型」とする。

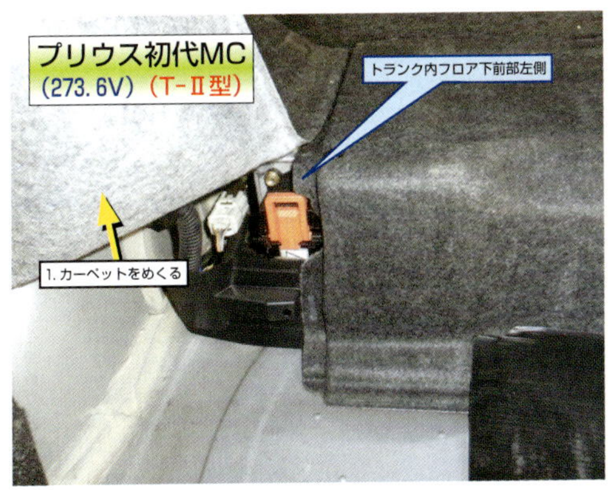

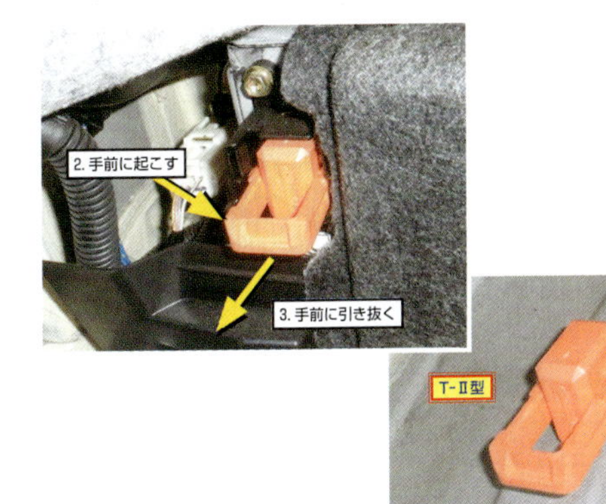

▲サービスプラグ（T-Ⅱ型）の位置と操作方法／プリウス（初代マイナーチェンジ）

◆プリウス（2代目・W20）◆

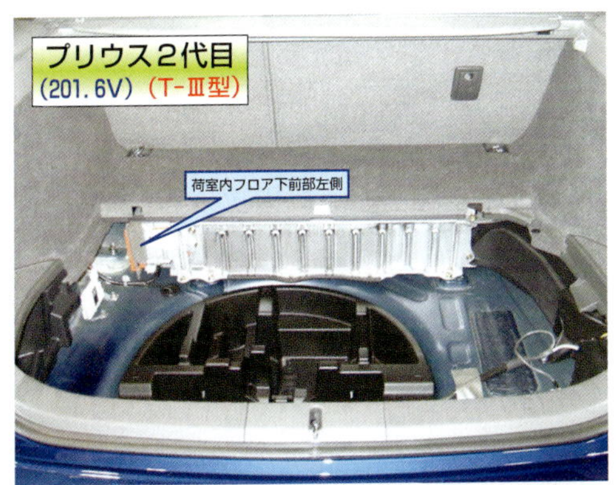

サービスプラグは、荷室内フロア下前部左側にあり、カバーを外すとアクセスできる。

「T-Ⅱ型」よりは大きく、ロックをスライドさせ外してから起こし、引き抜く。便宜上「T-Ⅲ型」とする。

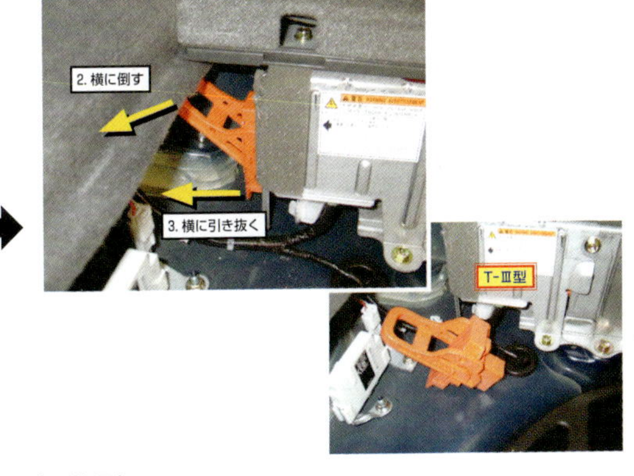

▲サービスプラグ（T-Ⅲ型）の位置と操作方法／プリウス（2代目）

◆プリウス（3代目・W30）◆

サービスプラグは、荷室内フロア下前部右側にあり、カバーを外すとアクセスできる。

外し方は「T-Ⅲ型」と同じで形状も似ているが互換性はない。便宜上「T-Ⅳ型」とする。

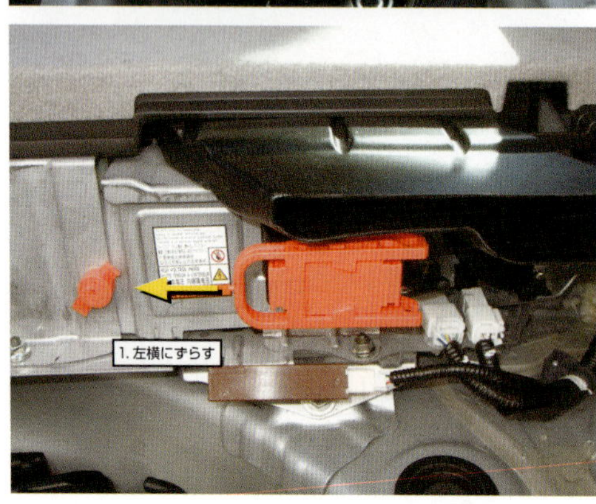

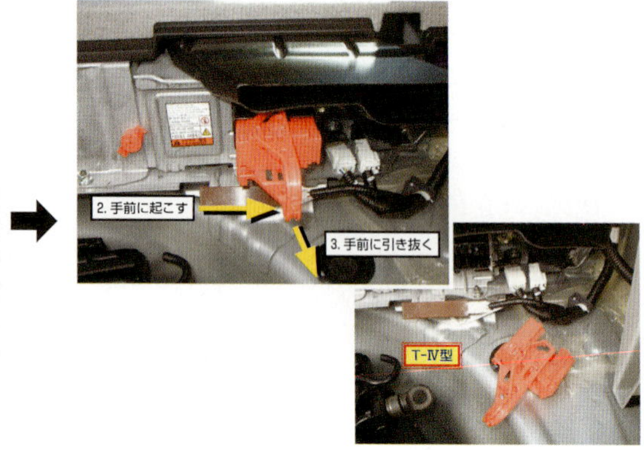

▲サービスプラグ（T-Ⅳ型）の位置と操作方法／プリウス（3代目）

◆プリウスα（初代・5人乗り・W41）◆

ハイブリッドシステムの基本は、プリウス（3代目）と同じ。

▲サービスプラグ（T-Ⅳ型）の位置／プリウスα（5人乗り）

◆プリウスα（初代・7人乗り・W40）◆

ほかのプリウスと異なり、センターコンソール前部にある。

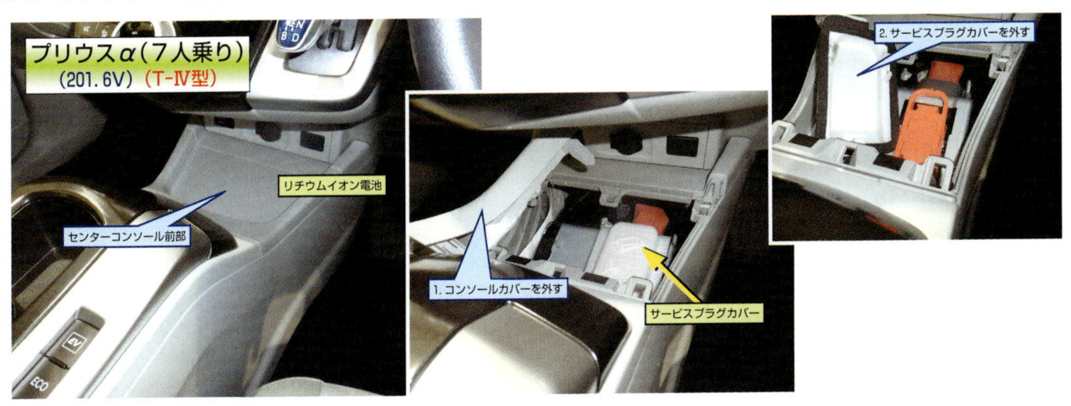

▲サービスプラグ（T-Ⅳ型）の位置／プリウスα（7人乗り）

◆プリウスPHV（3代目・限定型・W30）◆

サービスプラグは、荷室内フロア下後部に3個あるが、全てを外す。形状は「T-Ⅳ型」。

▲サービスプラグ（T-Ⅳ型）の位置／プリウスPHV（限定型）

◆プリウスPHV（3代目・量産型・W35）◆

サービスプラグは1個で、荷室内フロア下後部中央にあり蓋を外すとアクセスできる。形状は「T-Ⅴ型」。

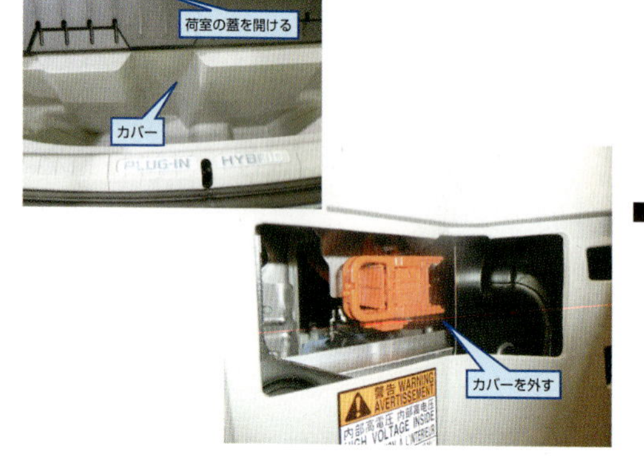

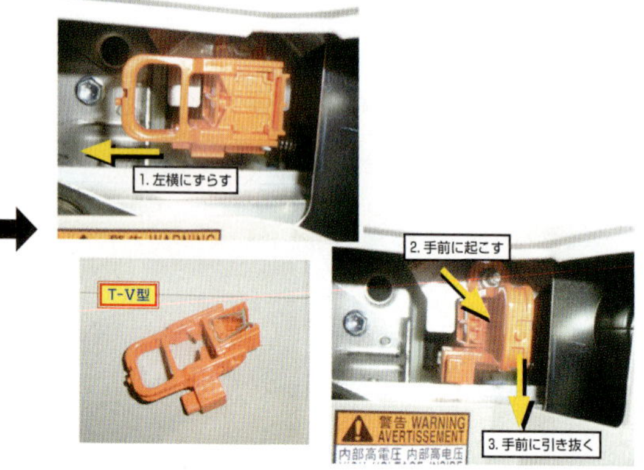

▲サービスプラグ（T-Ⅴ型）の位置と操作方法／プリウスPHV（量産型）

◆エスティマHV（初代・R10）◆

サービスプラグは、荷室内フロア下前部左側にあり、ゴムカバーをめくるとアクセスできる。形状は「T-Ⅱ型」。

▲サービスプラグ（T-Ⅱ型）の位置／エスティマHV（初代）

◆エスティマHV（2代目・R20）◆

サービスプラグは、センターコンソール後部にあり、蓋を外すとアクセスできる。形状は「T-Ⅲ型」。

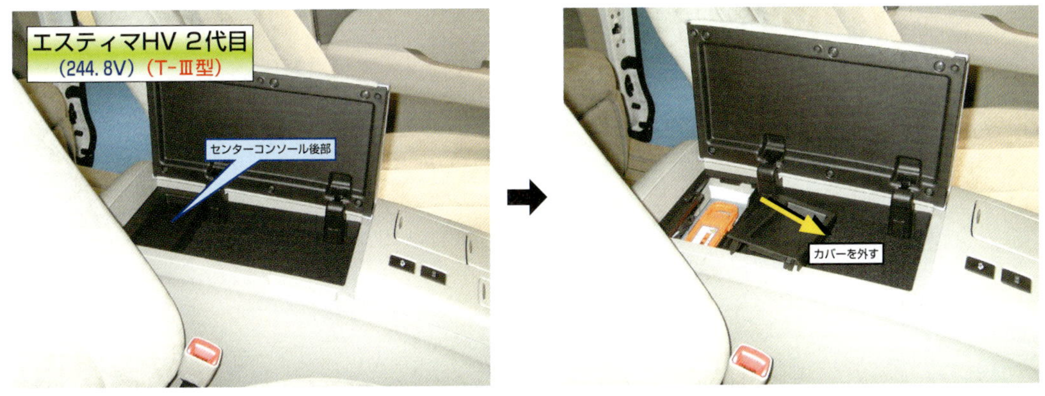

▲サービスプラグ（T-Ⅲ型）の位置／エスティマHV（2代目）

◆アルファードHV（初代・H10）◆

サービスプラグは、助手席後部下にあり、プラスチックカバーを外すとアクセスできるが、高電圧端子の直下に位置するので要注意。カバーを外すには、留めているピンを外す特殊工具が必要だが、緊急時は絶縁手袋をして引っ張れば取れる。形状は「T-Ⅱ型」。

▲サービスプラグ（T-Ⅱ型）の位置／アルファードHV（初代）

◆アルファードHV（2代目・H20）・ヴェルファイアHV（初代・H20）◆

サービスプラグは、センターコンソール後部にあり、蓋を外すとアクセスできる。形状は「T-Ⅲ型」。

▲サービスプラグ（T-Ⅲ型）の位置／アルファードHV（2代目）、ヴェルファイアHV

◆アルファードHV（3代目・H30）・ヴェルファイアHV（2代目・H30）◆

サービスプラグは、センターコンソールにある。ボックスを開けカバーを外すと4か所のネジ留めがしてある蓋が現れる。この蓋を外すとサービスプラグがあるが、救助等の緊急時にアクセスするのは困難と思われる。

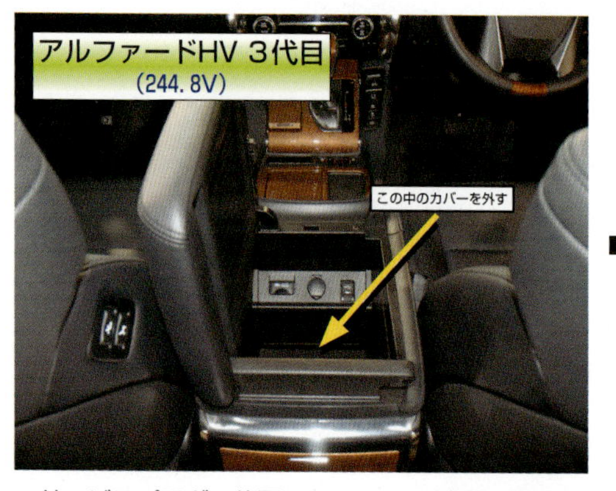

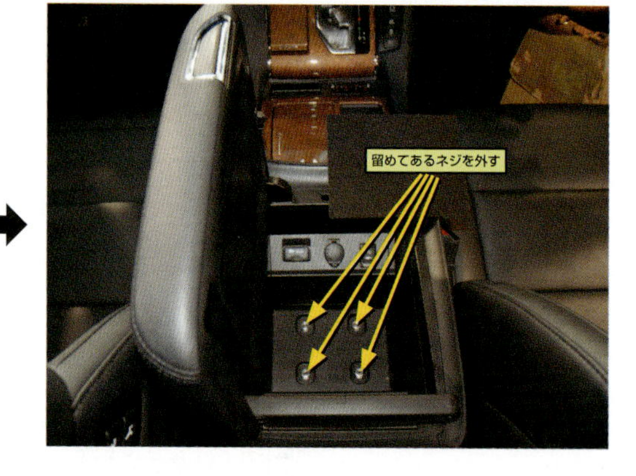

▲サービスプラグの位置／アルファードHV（3代目）

◆ハリアーHV（初代・U38）◆

サービスプラグは、リアシート下部左側にあり、カバーを起こすとアクセスできる。形状は「T-Ⅱ型」。

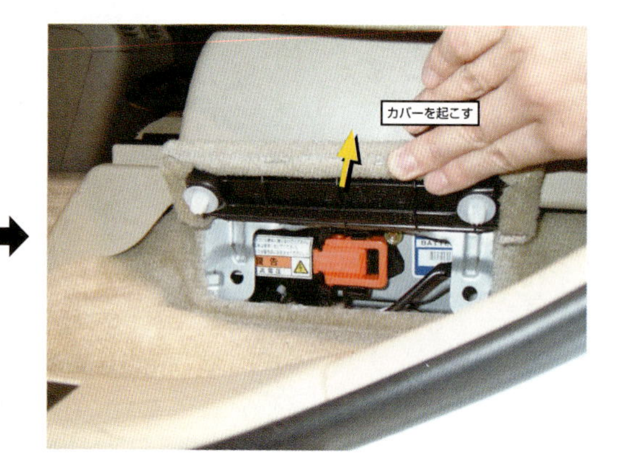

▲サービスプラグ（T-Ⅱ型）の位置／ハリアーHV

◆ハリアーHV（2代目・U65）◆

サービスプラグは、後部座席前側中央の蓋を外すとアクセスできる。形状は「T-Ⅳ型」。

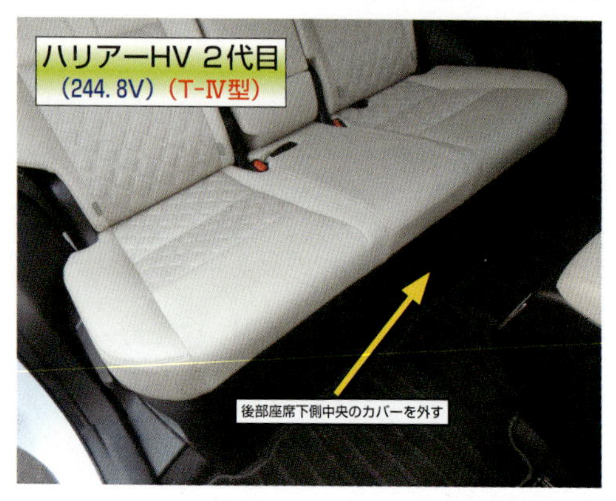

▲サービスプラグ（T-Ⅳ型）の位置と操作方法／ハリアーHV（2代目）

◆クルーガーHV（初代・U28）◆

サービスプラグは、ハリアーと同じくリアシート下部左側にあり、フロアカバーを外してさらに蓋を外すとアクセスできる。形状は「T-Ⅱ型」。

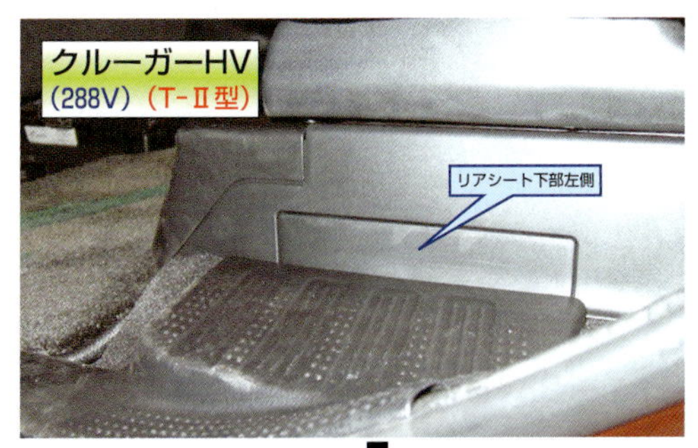

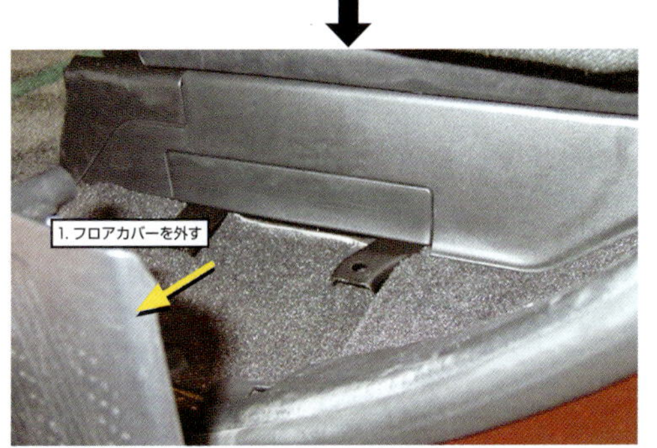

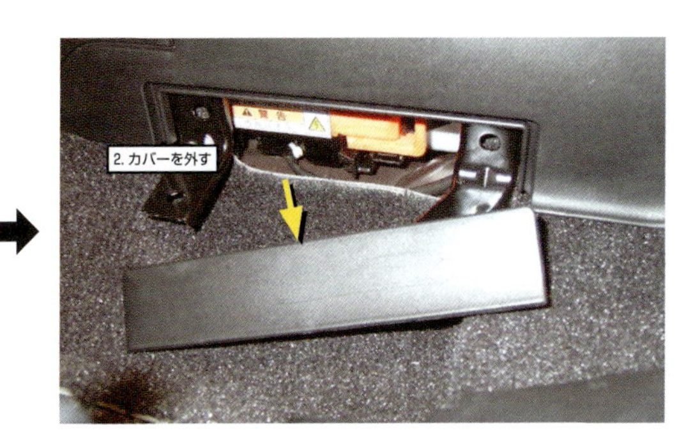

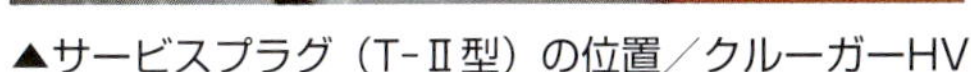
▲サービスプラグ（T-Ⅱ型）の位置／クルーガーHV

◆クラウンHV（初代・S204）◆

サービスプラグは、トランク内リアシート後部左寄りにあり、蓋を外すとアクセスできる。形状は「T-Ⅲ型」。

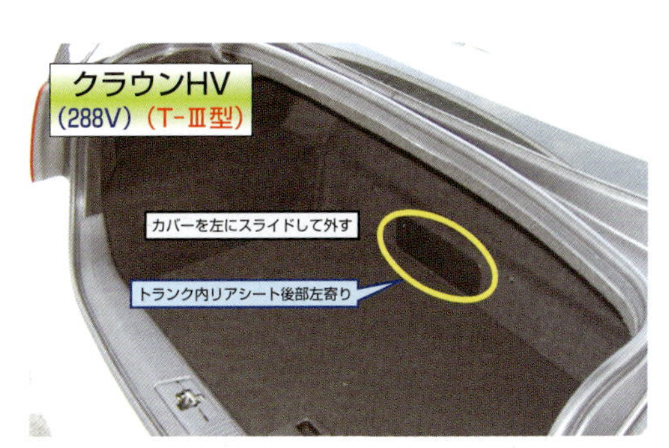

▲サービスプラグ（T-Ⅲ型）の位置／クラウンHV

◆クラウンアスリートHV（2代目・S210）・クラウンマジェスタHV（2代目・S210）・クラウンロイヤルHV（2代目・S210）◆

サービスプラグは、トランク内リアシート後部左寄りにあり、蓋を外すとアクセスできる。形状は「T-Ⅳ型」。

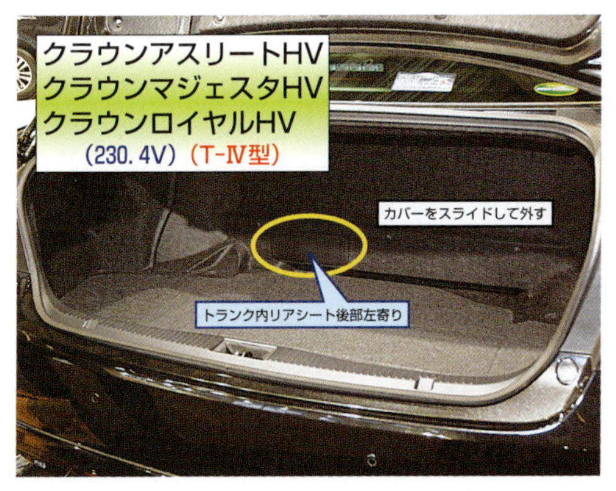

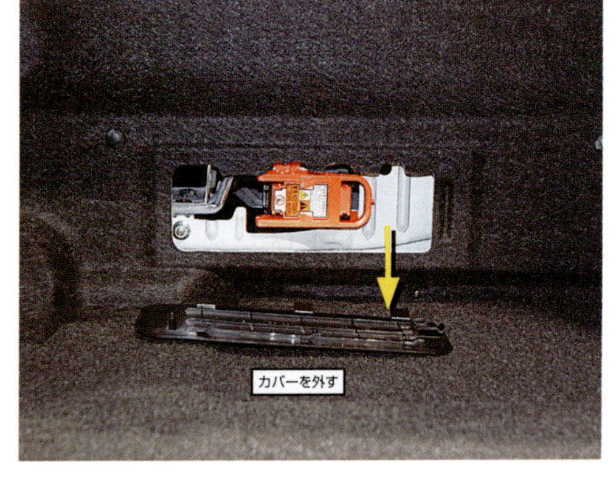

▲サービスプラグ（T-Ⅳ型）の位置と操作方法／
クラウンアスリートHV・クラウンマジェスタHV・クラウンロイヤルHV

◆SAI（初代・K10）◆

サービスプラグは、トランク内リアシート後部左寄りにあり、蓋を外すとアクセスできる。形状は「T-Ⅲ型」。

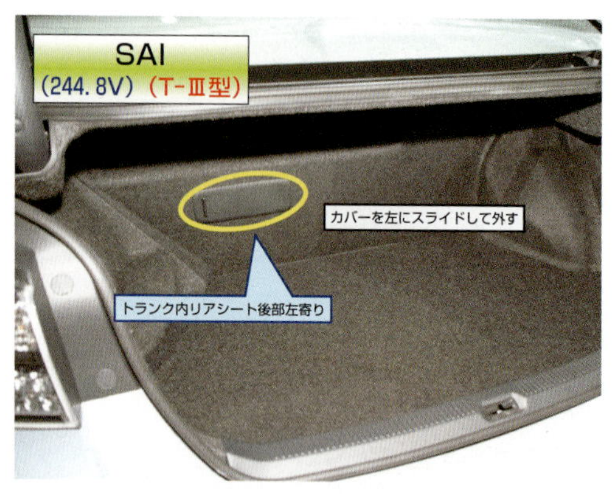

▲サービスプラグ（T-Ⅲ型）の位置／SAI

◆カムリ（初代・V50）◆

サービスプラグは、トランク内リアシート後部中央にあり、トランクマットとトリムカバーを外し、ナット2個を外して金属製の蓋を取るとアクセスできる。形状は「T-Ⅳ型」。

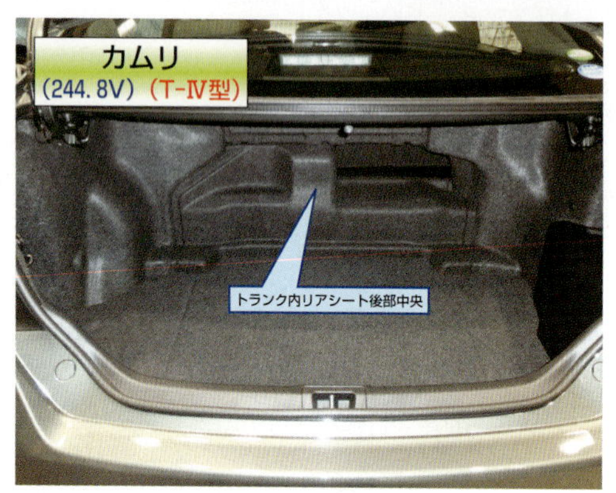

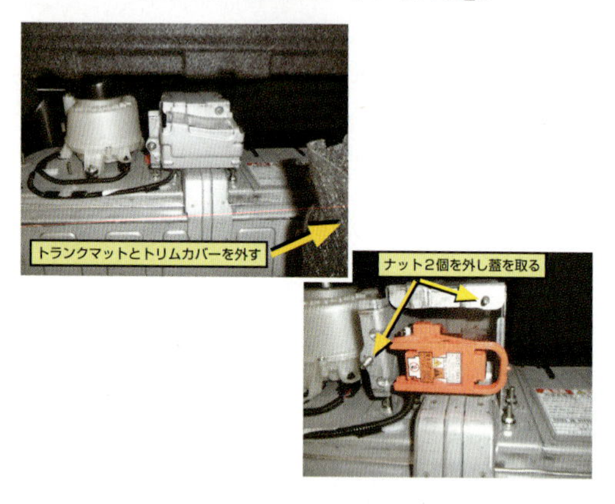

▲サービスプラグ（T-Ⅳ型）の位置／カムリ

◆アクア（初代・P10）◆

サービスプラグは、リアシート下部右寄りにあり、リアシート下トリムカバーの左右を外して、中央部を外すとアクセスできる。形状は「T-Ⅳ型」。

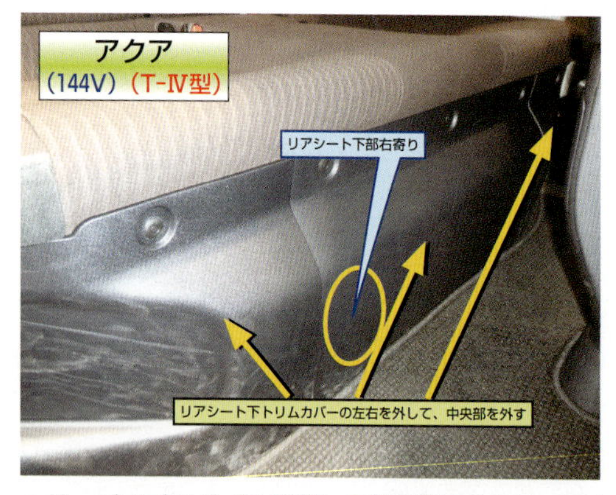

▲サービスプラグ（T-Ⅳ型）の位置と操作方法／アクア

◆カローラアクシオHV（初代・E165）・カローラフィールダーHV（初代・E165）◆

サービスプラグのシステムは、アクアと同じ。

◆ヴォクシーHV（初代・R80）・ノアHV（初代・R80）・エスクァイアHV（初代・R80）◆

サービスプラグへのアクセスは、運転席シート後ろ側下部のプラスチックカバーを外す。左側の金属製カバーを留めている３本のボルトを外す。カバーを外すとサービスプラグにアクセスできる。形状は「T-Ⅳ型」。

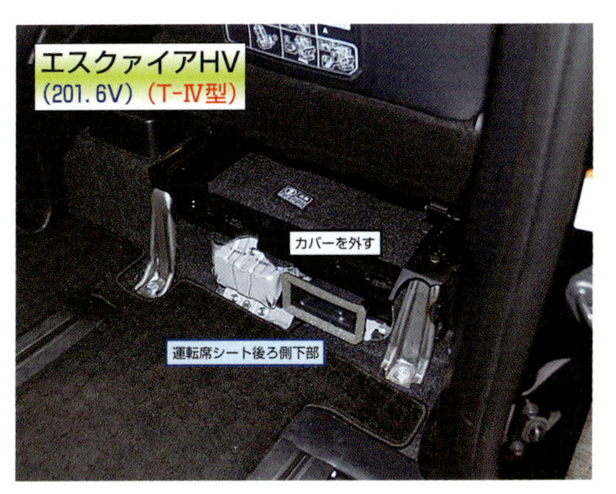

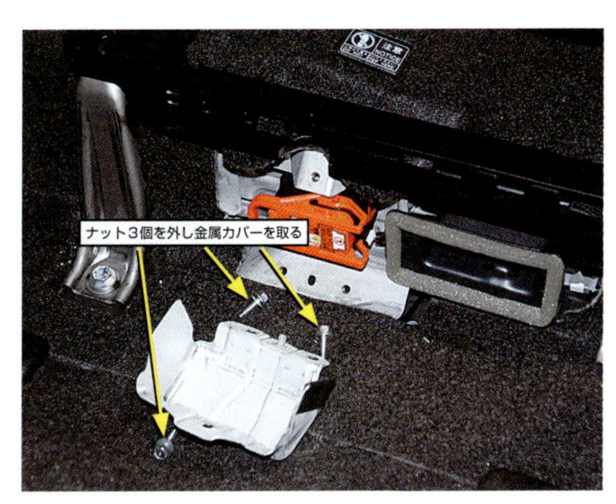

▲サービスプラグ（T-Ⅳ型）の位置と操作方法／エスクァイアHV

◆ダイナHV（初代・マイナーチェンジ）・トヨエースHV（初代・マイナーチェンジ）◆

サービスプラグは、HVバッテリーケース側面前寄りにあり、ボルト４本で留めてある蓋を外すとアクセスできる。形状はトヨタの「T-Ⅱ型」。

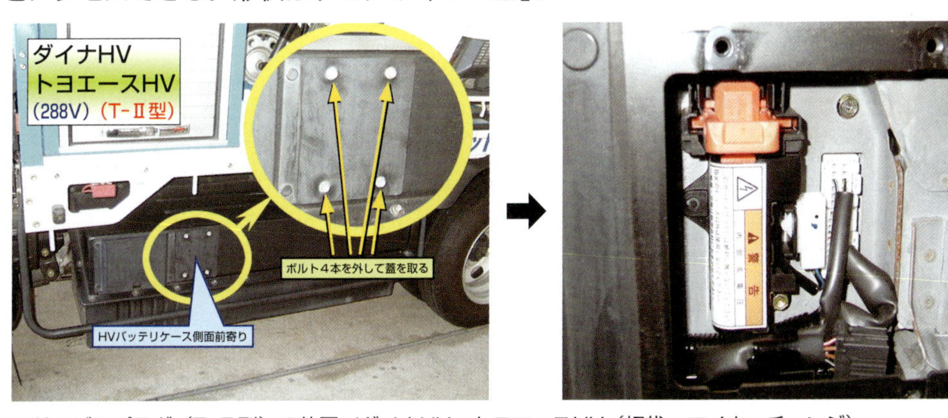

▲サービスプラグ（T-Ⅱ型）の位置／ダイナHV・トヨエースHV（初代・マイナーチェンジ）

◆ダイナHV（2代目）・トヨエースHV（2代目）◆

サービスプラグは、HVバッテリーケース側面後ろ寄りにあり、ボルト4本で留めてある蓋を外すとアクセスできる。形状はトヨタの「T-Ⅳ型」。

▲サービスプラグ（T-Ⅳ型）の位置／ダイナHV・トヨエースHV（2代目）

プラスα

トヨタ車のレスキューについて

▶トヨタ／レクサス車のＨＶを含む車両からの救助に関する注意点は、2013年５月以降の車両に関しては「レスキュー時の取扱い」と各車個別の「QRS（レスキュー時早見表）」としてHP「http://www.toyota.co.jp/jpn/tech/safety/technology/help_net/rescue.html」に掲載されている。

▶それ以前のHVについては同じHP上で「ハイブリッド車レスキュー時の取扱い」として車種別に掲載されている。大きな違いは「ハイブリッド車レスキュー時の取扱い」ではサービスプラグについて解説されているが、「レスキュー時の取扱い」と各車個別の「QRS」ではサービスプラグについての記述は一切ない。これは、HVシステムが停止していれば、高電圧は遮断されているので、レスキュー時に危険は考えられないことから記述をしなくなったということである。

▶記述のある「ハイブリッド車レスキュー時の取扱い」に該当するHVについても同様である旨をトヨタに確認している。なお、システム停止後５分程度はインバータ内のコンデンサに電気が残っているので、むき出しになったオレンジ色の端子や配線には触れないこと。

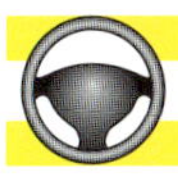

2　レクサスのHV

レクサスHVのサービスプラグは、トヨタと同型である。

◆LS600h（初代・F45／46）・LS600Lh（マイナーチェンジ後も同じ・F45／46）◆

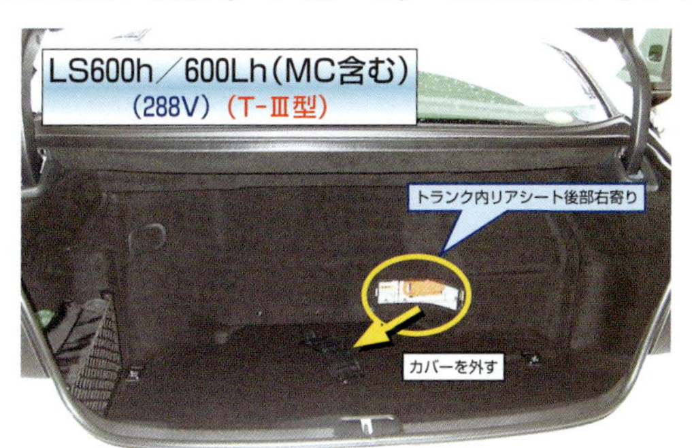

▲サービスプラグ（T-Ⅲ型）の位置／LS600h・LS600Lh

サービスプラグは、トランク内リアシート後部右寄りにあり、蓋を外すとアクセスできる。形状は「T-Ⅲ型」。

◆GS450h（初代・S191）◆

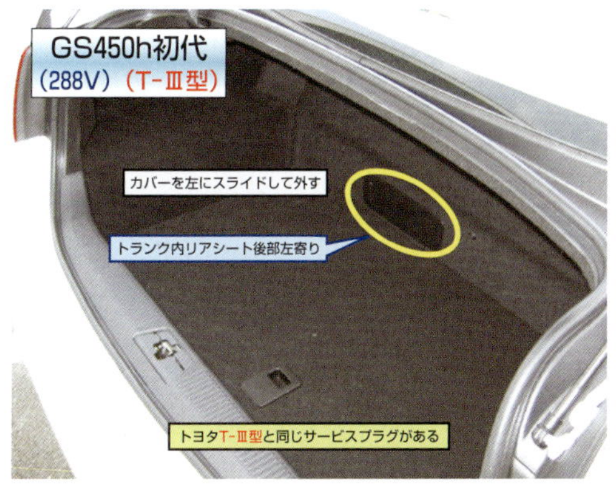

▲サービスプラグ（T-Ⅲ型）の位置／GS450h（初代）

サービスプラグは、トランク内リアシート後部左寄りにあり、蓋を外すとアクセスできる。形状は「T-Ⅲ型」。

◆GS450h（2代目・L10）◆

サービスプラグは、リアシートアームレスト格納部にあり、アームレストを倒してカバーを外す。4個のナットで留めてある蓋を取るとアクセスできる。形状は「T-Ⅳ型」。

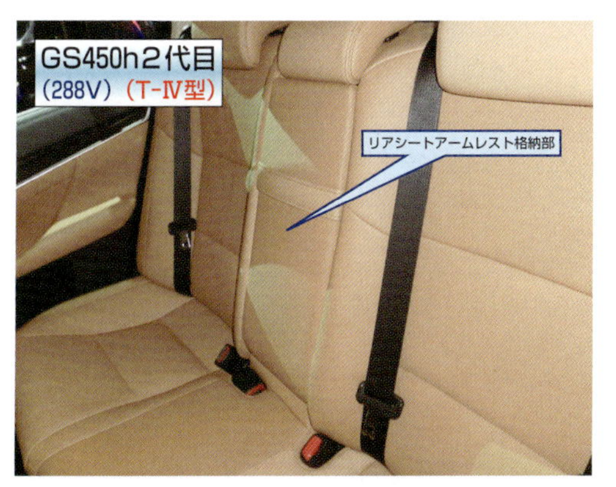

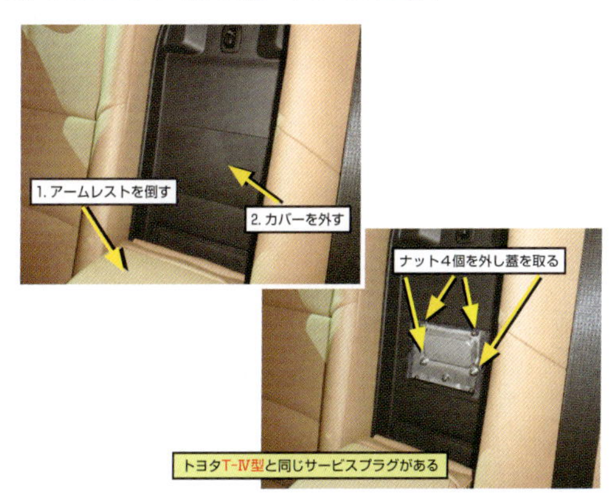

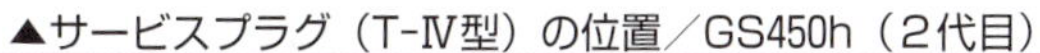

▲サービスプラグ（T-Ⅳ型）の位置／GS450h（2代目）

◆RX450h（初代・L10／15）◆

サービスプラグは、リアシート下部左側にあり、カバーを外すとアクセスできる。形状は「T-Ⅳ型」。

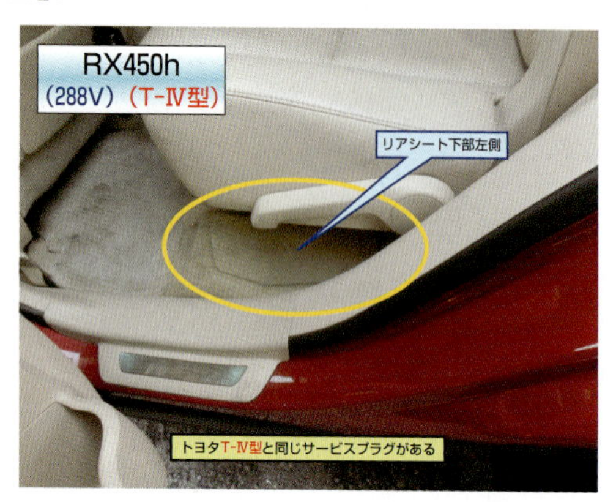

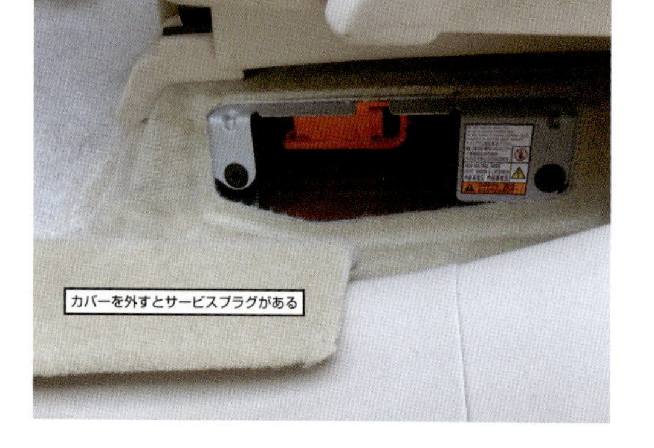

▲サービスプラグ（T-Ⅳ型）の位置／RX450h

◆HS250h（初代・F10）◆

サービスプラグは、トランク内リアシート後部左寄りにあり、蓋を外すとアクセスできる。形状は「T-Ⅲ型」。

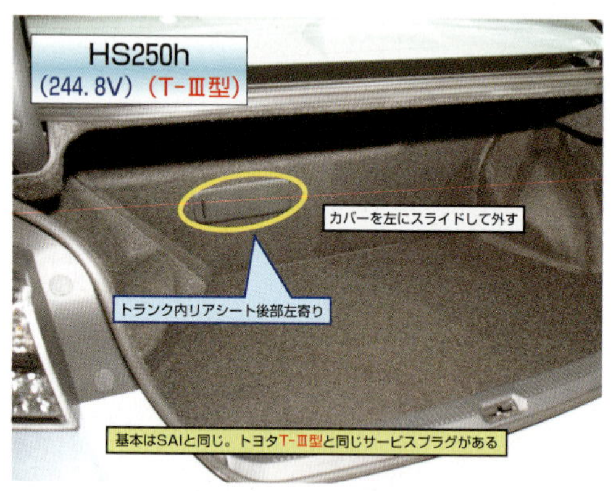

▲サービスプラグ（T-Ⅲ型）の位置／HS250h

◆CT200h（初代・A10）◆

サービスプラグは、荷室内フロア下前部右側にあり、カバーを外すとアクセスできる。形状は「T-Ⅳ型」。

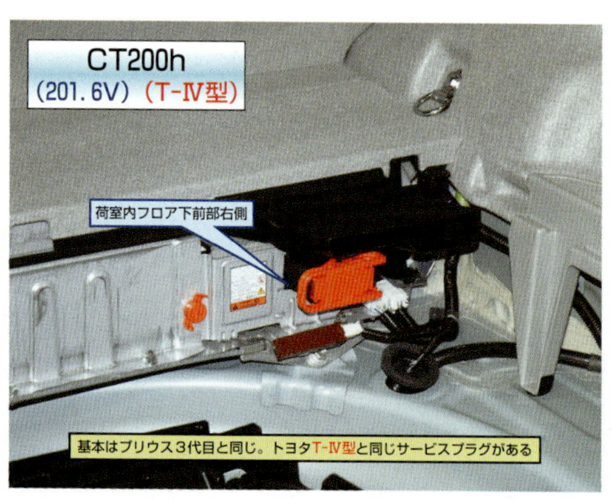

▲サービスプラグ（T-Ⅳ型）の位置／CT200h

◆IS300h（初代・E30／35）・RC300h（初代・C10）◆

サービスプラグへのアクセスは、トランクマットをはいでめくり、工具類の入っている収納容器を留めている６本のクリップを外す。収納容器を外すと奥に金属製のカバーがある。右側カバーを留めている３本のボルトを外す。カバーを外すとサービスプラグにアクセスできる。形状は「T-Ⅳ型」。

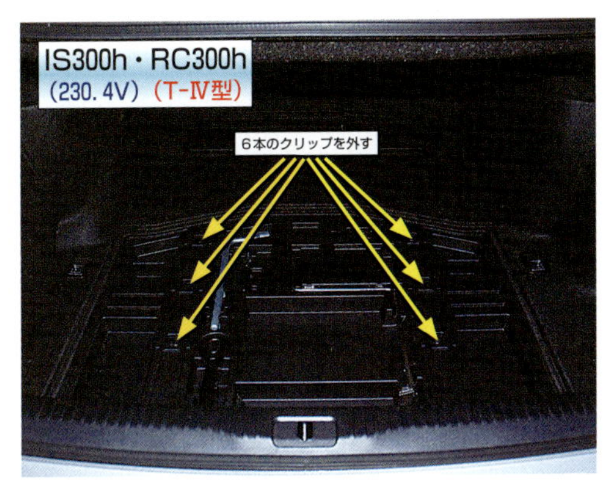

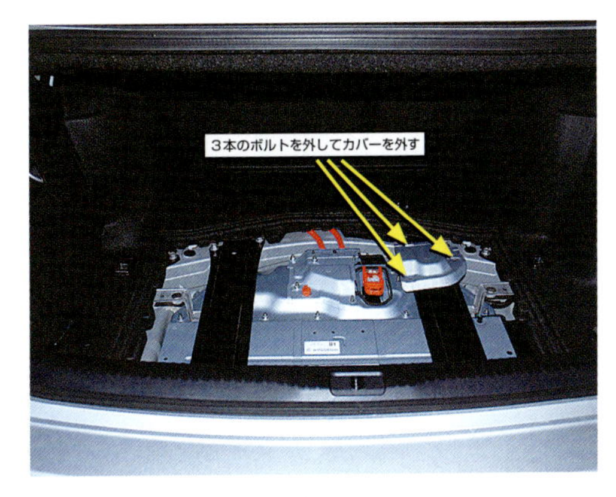

▲サービスプラグ（T-Ⅳ型）の位置と操作方法／IS300h

◆NX300h（初代・Z10／15）◆

サービスプラグのシステムはハリアーHV（２代目）（P.132）と同じ。

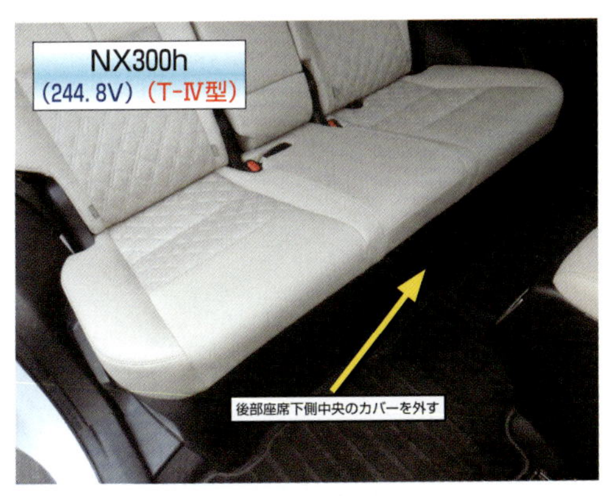

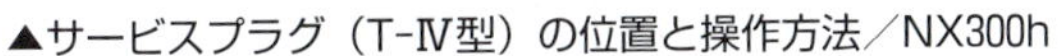

▲サービスプラグ（T-Ⅳ型）の位置と操作方法／NX300h

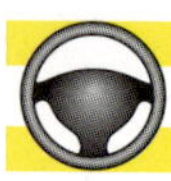

3　ダイハツのHV

◆ハイゼットカーゴHV（初代・S320V）◆

サービスプラグは、リアシート足元垂直面右寄りにあり、ボルト4本で留めてある蓋を外すとアクセスできる。形状はトヨタの「T-Ⅱ型」。

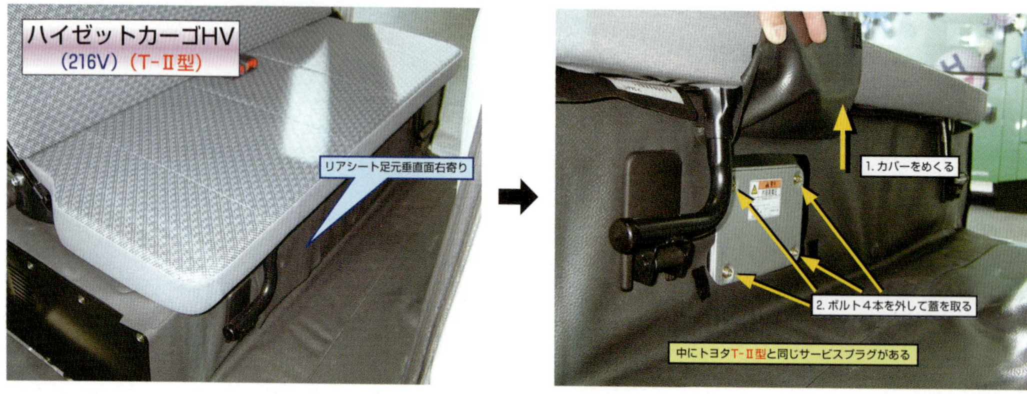

▲サービスプラグ（T-Ⅱ型）の位置／ハイゼットカーゴHV

◆アルティス（初代・V50）◆

サービスプラグは、トランク内リアシート後部中央にあり、トランクマットとトリムカバーを外し、ナット2個を外して金属製の蓋を取るとアクセスできる。形状は「T-Ⅳ型」。

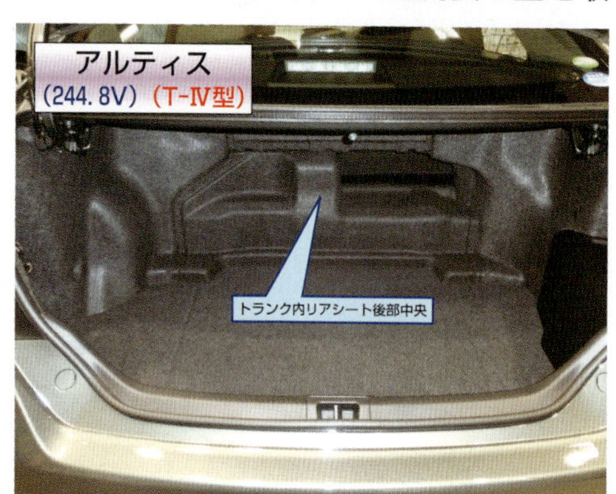

▲サービスプラグ（T-Ⅳ型）の位置／アルティス

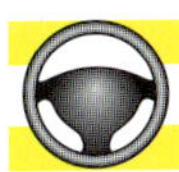

4　日野のHV

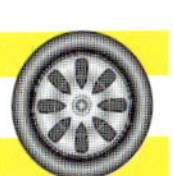

◆デュトロHV（初代・マイナーチェンジ）◆

サービスプラグは、HVバッテリーケース側面前寄りにあり、ボルト4本で留めてある蓋を外すとアクセスできる。形状はトヨタの「T-Ⅱ型」。

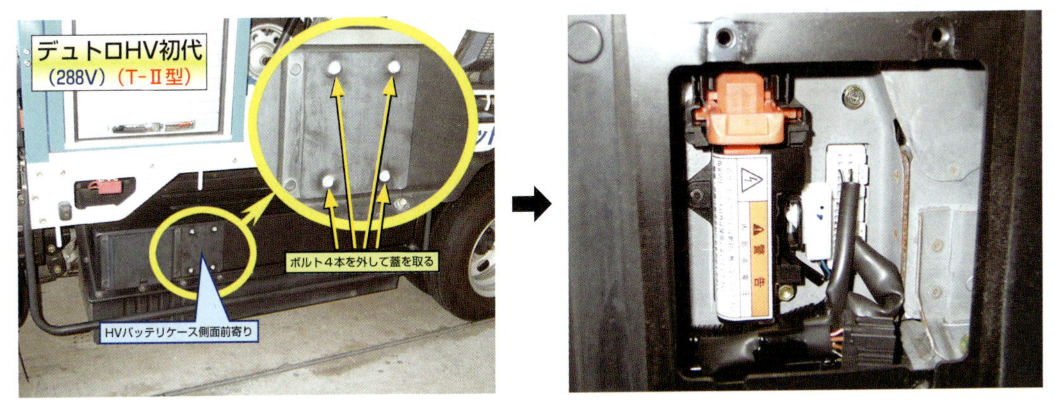

▲サービスプラグ（T-Ⅱ型）の位置／デュトロHV（初代・マイナーチェンジ）

◆デュトロHV（2代目）◆

サービスプラグは、HVバッテリーケース側面後ろ寄りにあり、ボルト4本で留めてある蓋を外すとアクセスできる。形状はトヨタの「T-Ⅳ型」。

▲サービスプラグ（T-Ⅳ型）の位置／デュトロHV（2代目）

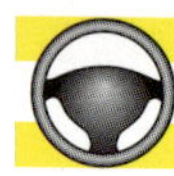

5　ホンダのHV

メインスイッチは、2タイプある。

◆インサイト（初代・ZE1）◆

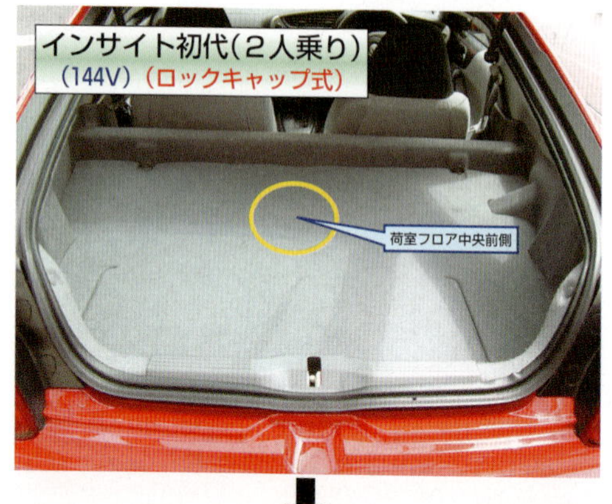

メインスイッチは、荷室フロア中央前側にあり、ボルト2本で留めてある蓋を外すとアクセスできる。

スイッチにはロックキャップがかかっているので、外せばOFFにできる。便宜上「ロックキャップ式」とする。

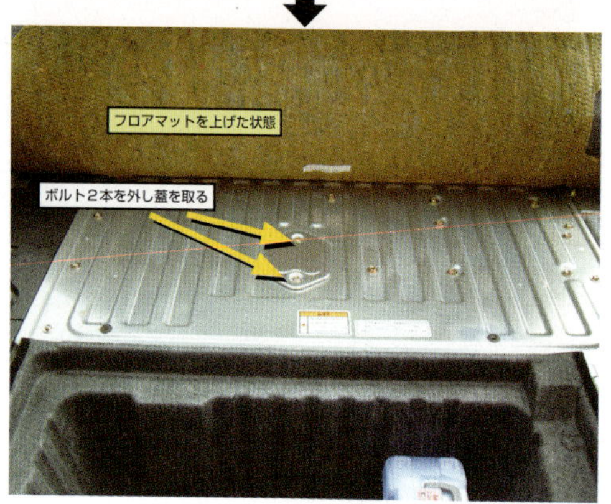

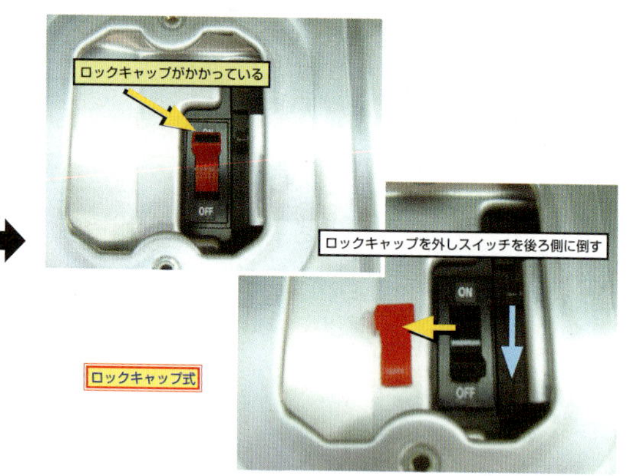

▲メインスイッチ（ロックキャップ式）の位置と操作方法／インサイト（初代）

◆インサイト（2代目・ZE2／3）◆

　メインスイッチは、荷室フロア下右前部にあり、ボルト2本で留めてある蓋を外すとアクセスできる。奥のボルトは緩めるだけで蓋は外れる。スイッチはそのままOFFにできるが、ONにするときは横の赤いボタンを押したままで操作する。便宜上「ロックボタン式」とする。

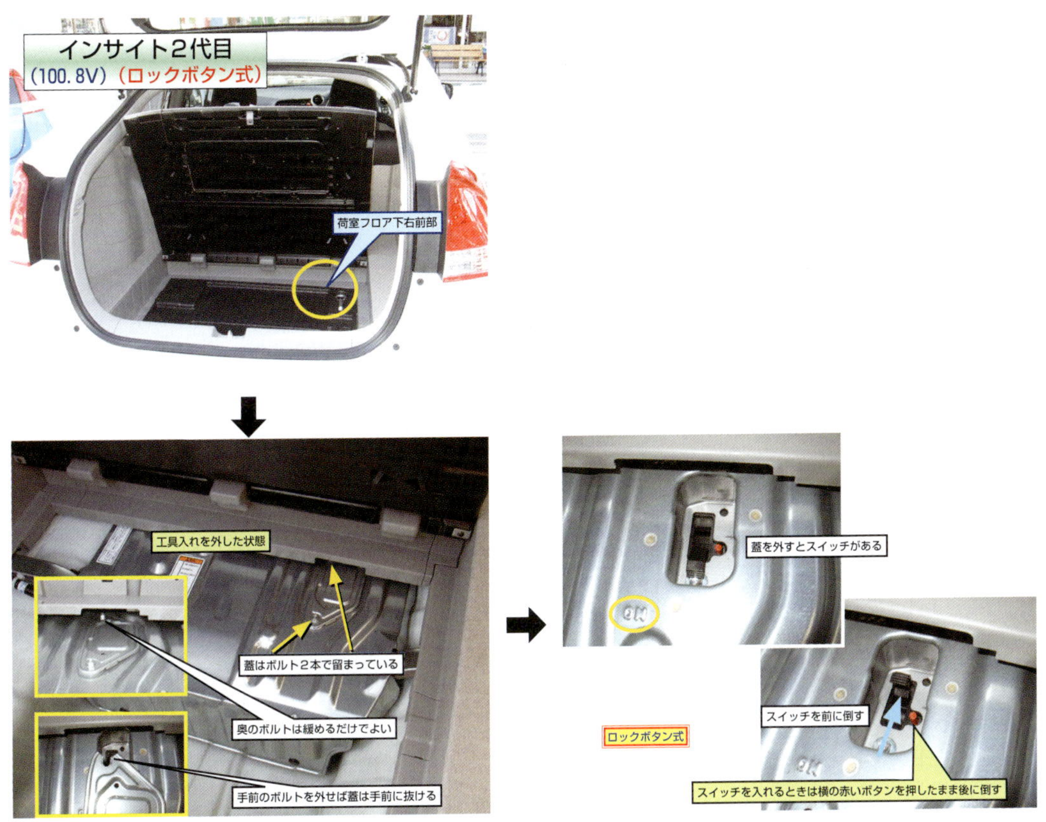

▲メインスイッチ（ロックボタン式）の位置と操作方法／インサイト（2代目）

◆シビックHV（初代・マイナーチェンジ・ES9）◆

　メインスイッチは、リアシートアームレスト格納部にあるが、シートバックの布に隠れている。緊急時は布を切り、ボルト2本で留めてある蓋を外すとアクセスできる。スイッチは「ロックキャップ式」。

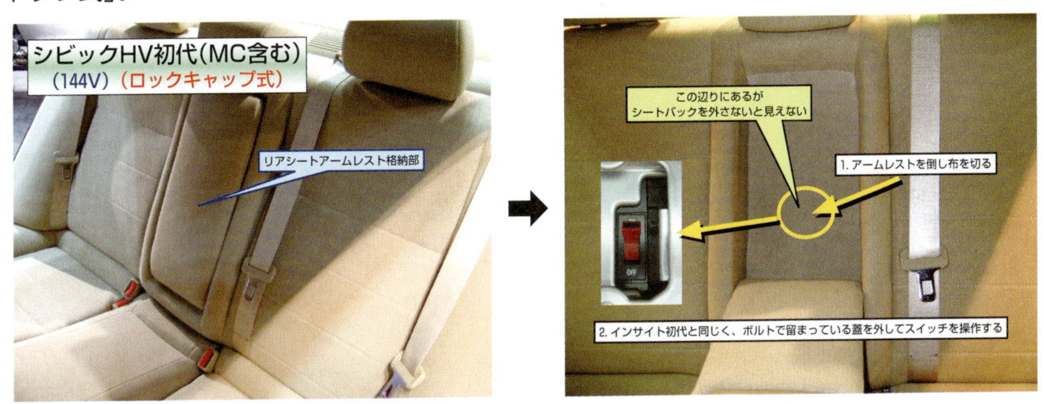

▲メインスイッチ（ロックキャップ式）の位置／シビックHV（初代・マイナーチェンジ）

◆シビックHV（2代目・FD3）◆

メインスイッチのアクセス方法は初代と同じだが、スイッチが「ロックボタン式」。

メインスイッチ（ロックボタン式）の位置▶
／シビックHV（2代目）

◆CR-Z（初代・ZF1）◆

メインスイッチは、荷室フロア下右側にあり、操作はインサイト（2代目）に準ずる。

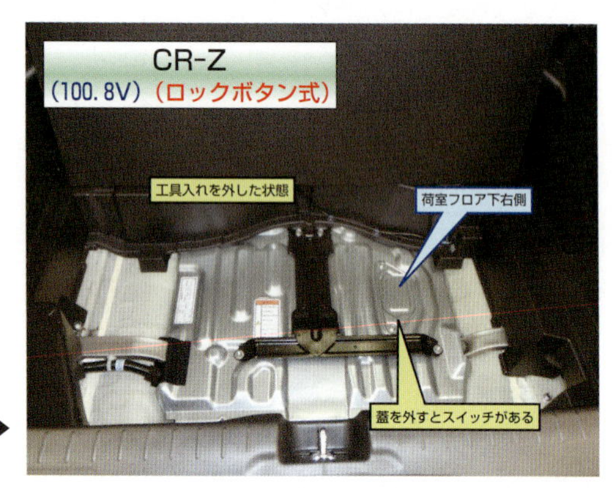

メインスイッチ（ロックボタン式）の位置▶
／CR-Z

◆CR-Z（2012年９月以降・ZF2）◆

サービスプラグにアクセスするには後部荷室の蓋を上げる。工具入れボックスを外す。後部やや右寄りにある金属製カバー２本のボルトを外す。メインスイッチにアクセスできる。

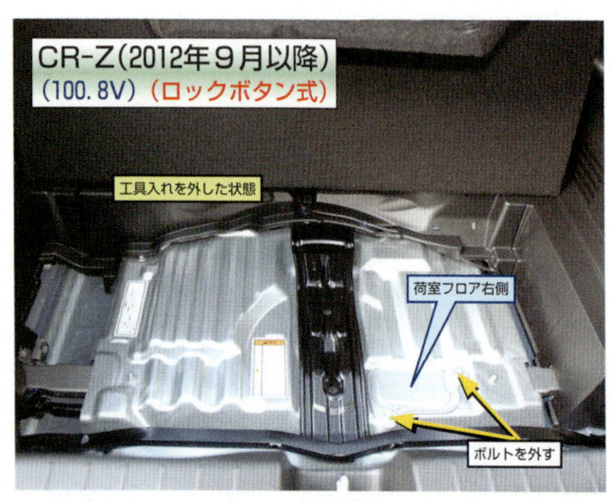

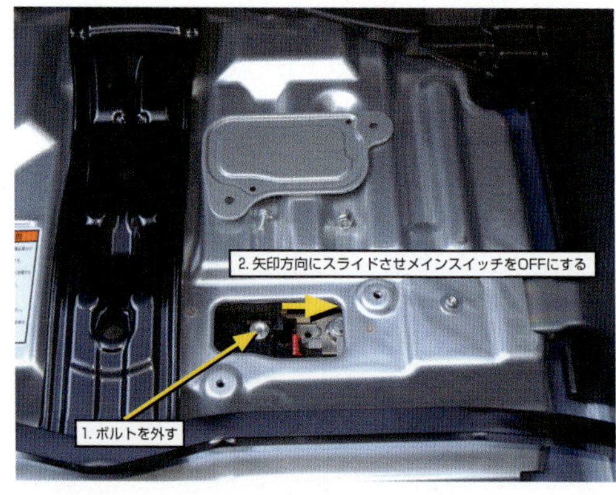

▲メインスイッチ（ロックボタン式）の位置／CR-Z（2012年９月以降）

◆フィットHV（初代・GP1／4）◆

メインスイッチは、荷室フロア右側にあり、操作はインサイト（2代目）に準ずる。

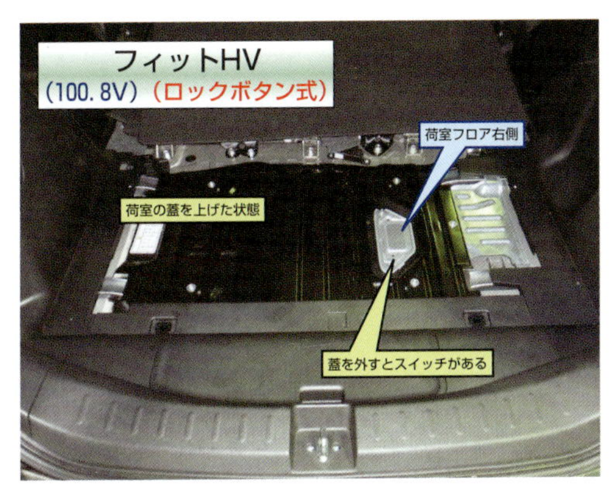

▲メインスイッチ（ロックボタン式）の位置／フィットHV

◆フィットシャトルHV（初代・GP2）◆

メインスイッチは、荷室フロア右前部にあり、操作はインサイト（2代目）に準ずる。

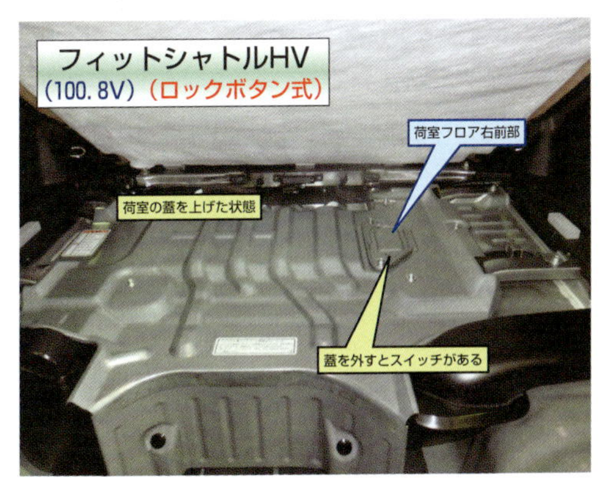

▲メインスイッチ（ロックボタン式）の位置／フィットシャトルHV

◆フィットHV（2代目・GP5）◆

このシリーズから「サービスプラグ」になり、アクセスするには、リアシートを前方に倒し、後部荷室の蓋を上げる。右奥の金属製カバーを留めている2本のボルトを外す。カバーを外すとサービスプラグにアクセスできる。

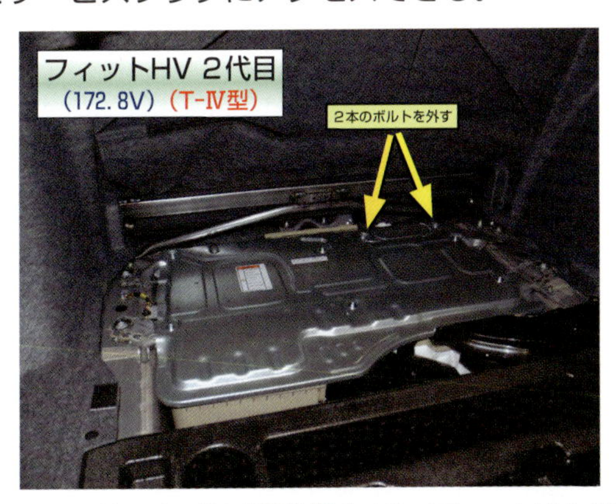

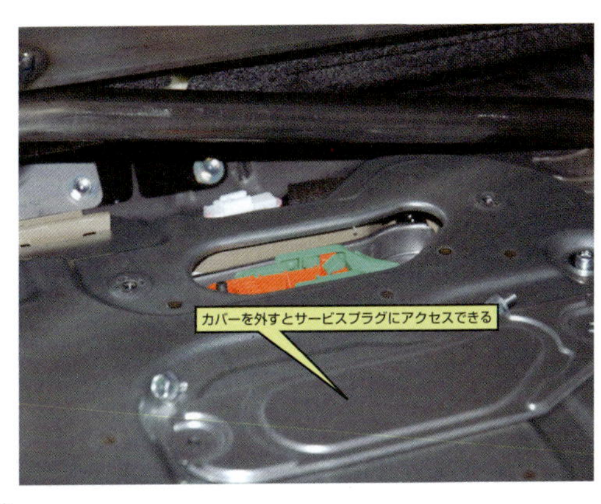

▲サービスプラグの位置と操作方法／フィットHV（2代目）

◆フリードHV（初代・GP3）・フリードスパイクHV（初代・GP3）◆

メインスイッチは、荷室フロア右後部にあるが、蓋を外して手を入れ、スイッチを操作する。操作はインサイト（2代目）に準ずる。

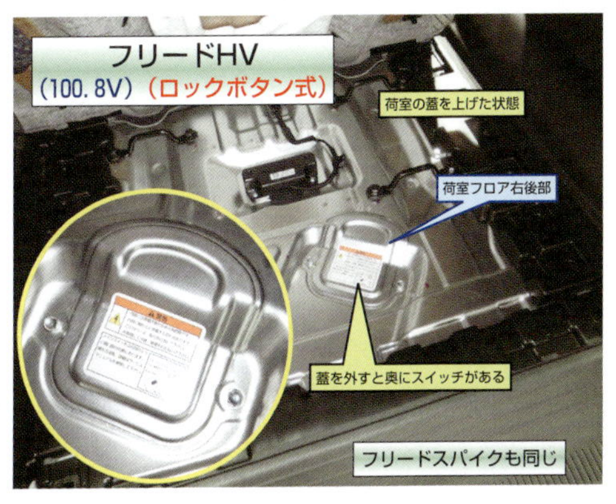

メインスイッチ（ロックボタン式）の位置▶
／フリードHV・フリードスパイクHV
蓋を外し手を差し込んで操作する。

◆ヴェゼルHV（初代・RU3／4）◆

HVシステムはフィットHV（2代目）と同じで、サービスプラグへのアクセス方法も同じ。

◆グレイスHV（初代・GM4／5）◆

HVシステムはフィットHV（2代目）と同じで、サービスプラグへのアクセス方法も同じ。

◆アコードHV（初代・CR6）・アコードプラグインHV（初代・CR5）◆

サービスプラグの正式なアクセス方法は、リアシートを外してのアクセスになる。緊急時には、リアシートのセンターコンソールを倒す。シートバックレスト部の下から3分の1ぐらいのところを切ると金属製のカバーがある。カバーを留めている2本のボルトを外す。カバーを外すとサービスプラグにアクセスできる。

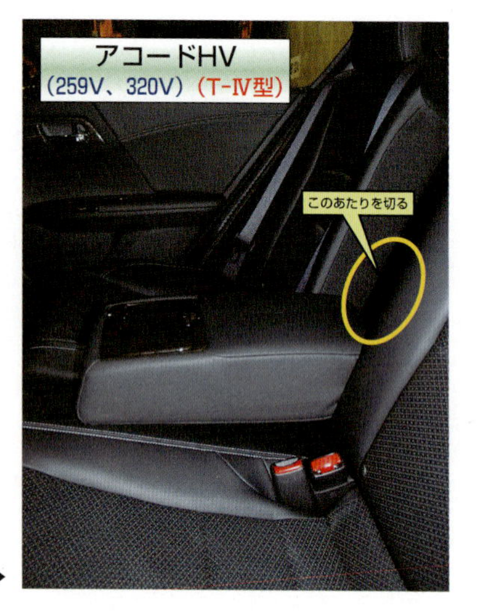

サービスプラグの位置と操作方法／アコードHV▶

◆レジェンドHV（初代・KC2）◆

サービスプラグはリアシートセンターアームレストの奥に備えられているが、鍵の付いた蓋を車両のキーで開けてからの作業になるので、現場でのアクセスは困難である。

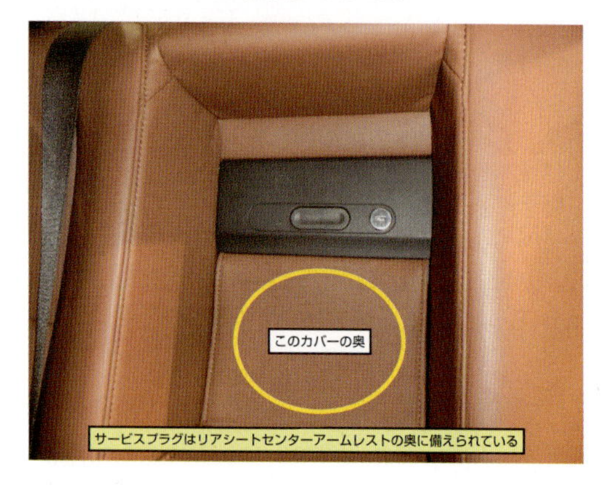

▲サービスプラグの位置／レジェンドHV

◆ジェイドHV（初代・FR4）◆

サービスプラグはセンターコンソール背面下部にある。アクセスするには、センターコンソール背面のパネルを取り外さなければならないため、困難である。

サービスプラグの位置／ジェイドHV▶

プラスα

ホンダ車のレスキューについて

▶初代フィットHVより前のホンダHVレスキューマニュアルには、HVバッテリーの高圧電気を遮断するメインスイッチ操作の項目があった。しかし、初代フィットHV以降のHVレスキューマニュアルには、メインスイッチの存在自体が記載されていないので、当然ながらメインスイッチ操作についての記載もない。

▶この点についてホンダに確認したところ、「イグニッション（パワースイッチ）がOFFであれば高電圧は遮断されているため、面倒なメインスイッチをあえてOFFにする必要はないので、早く要救助者を助け出してください。」とのことである。なお、システム停止後５分程度はインバータ内のコンデンサに電気が残っているので、むき出しになったオレンジ色の端子や配線には触れないこと。

▶ホンダHVのレスキューマニュアル掲載URL
http://www.honda.co.jp/rescue-auto/

6 日産のHVとEV

◆フーガHV（初代・Y51）◆

サービスプラグは、トランク内リアシート後部左寄りにあり、蓋を開けるとアクセスできる。日産独自のサービスプラグで、トヨタと形状は似ているが、ロックを外すのはオレンジ色の爪を押し込む。緑色のレバーを起こしてから引き抜く。

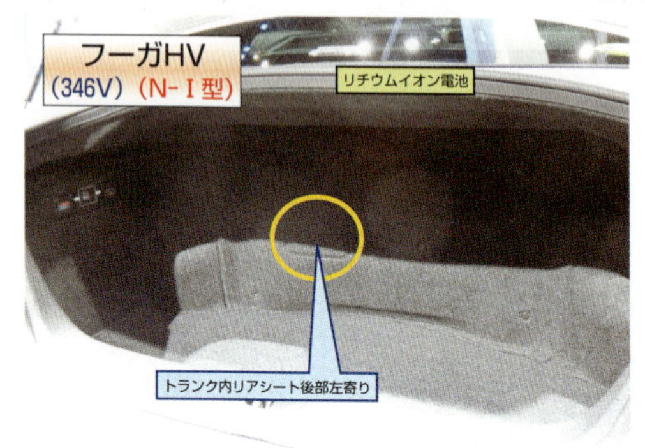

▲サービスプラグ（N-Ⅰ型）の位置／フーガHV

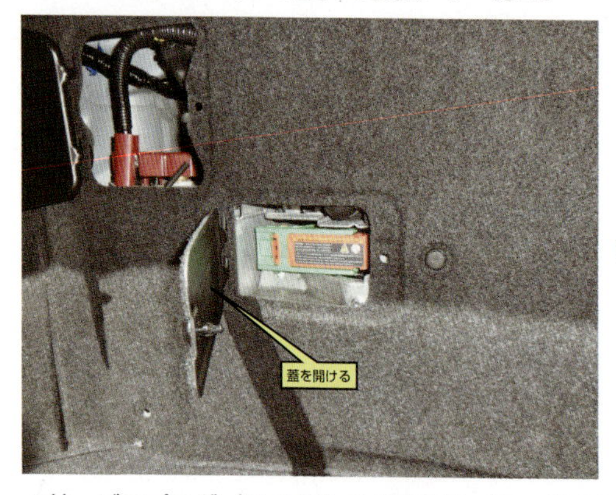

▲サービスプラグ（N-Ⅰ型）の操作方法／フーガHV

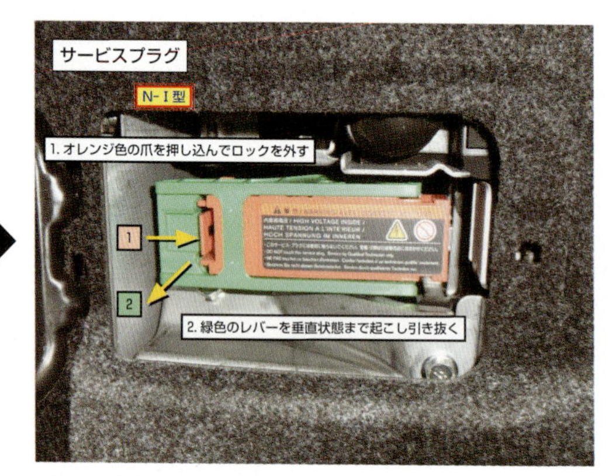

オレンジ色の爪1を押し込んでロックを外し、緑色のレバー2を手前に起こしてから引き抜く。

◆シーマHV（初代・Y51）◆

サービスプラグの位置や取り外し方法はフーガHVと同じ。

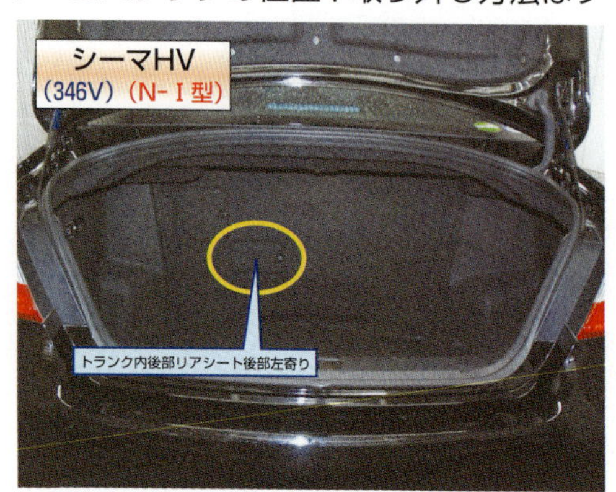

▲サービスプラグ（N-Ⅰ型）の位置／シーマHV

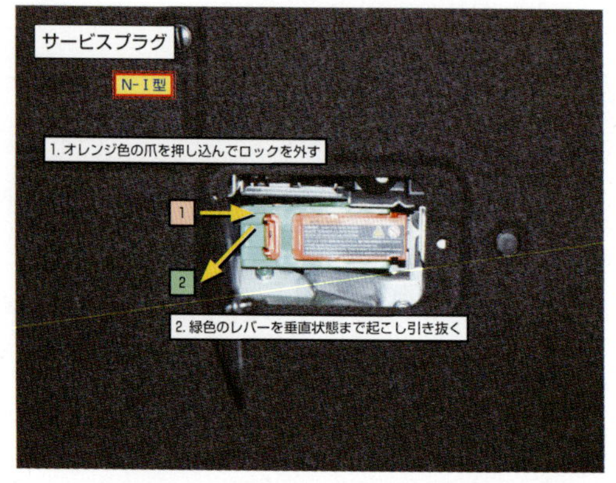

オレンジ色の爪1を押し込んでロックを外し、緑色のレバー2を手前に起こしてから引き抜く。

◆スカイラインHV（初代・V37）◆

サービスプラグにアクセスするには、トランクルーム前部上方中央にある蓋を開ける。下側にサービスプラグが見える。緑色のレバーにある爪を左側に起こしてレバーを後方に引く。形状は「N-Ⅲ型」。

▲サービスプラグ（N-Ⅲ型）の位置と操作方法／スカイラインHV

爪を左側に起こしてレバーを後方に引き、手前に引き抜く。

◆リーフ（初代・ZE0）◆

サービスプラグは、リアシート前側中央（トンネル部）にあり、フロアカーペットをめくってカバーを外すとアクセスできる。

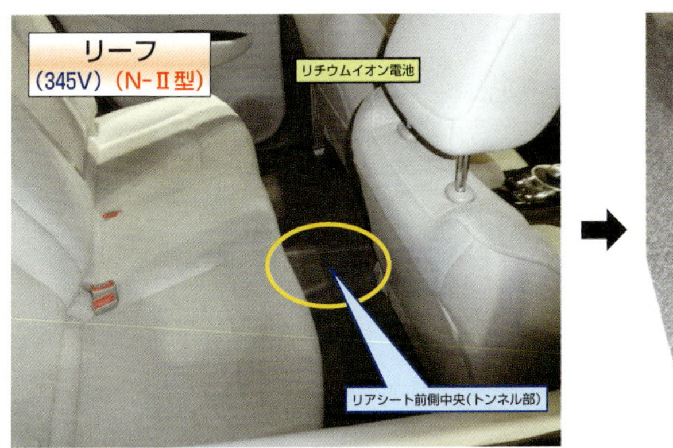

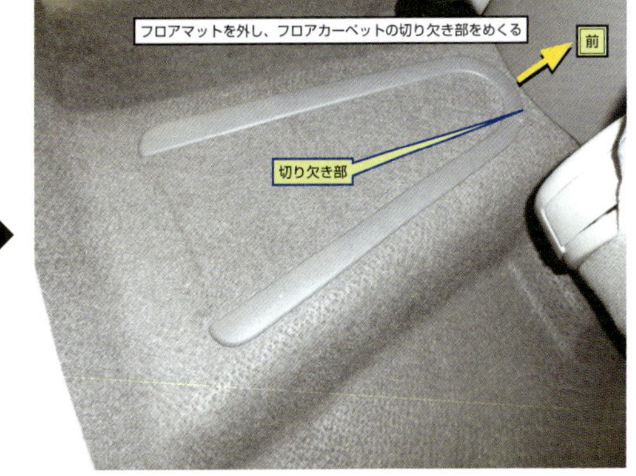

▲サービスプラグ（N-Ⅱ型）の位置／リーフ

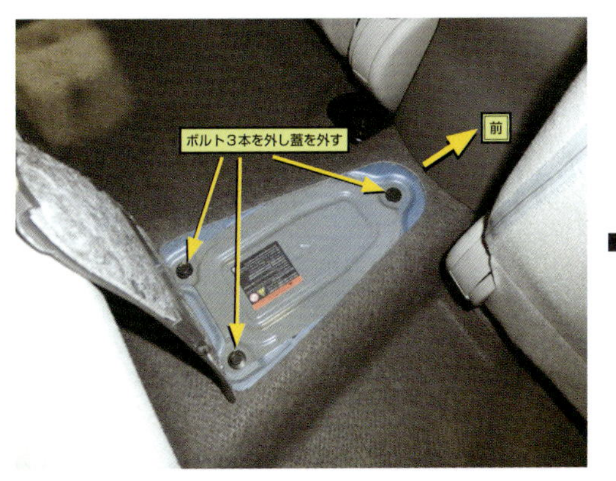

▲サービスプラグ（N-Ⅱ型）の操作方法／リーフ

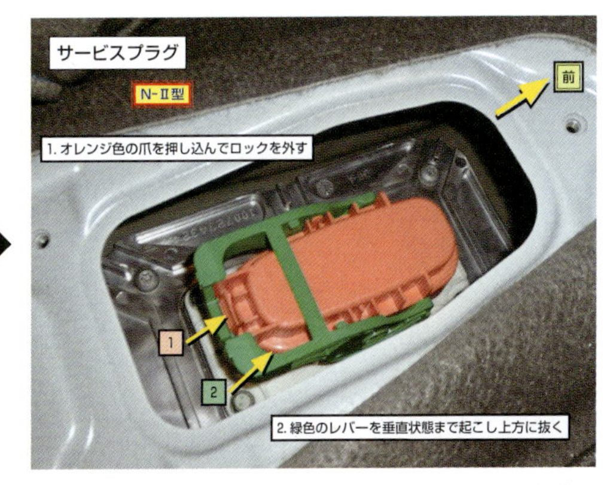

オレンジ色の爪①を押し込んでロックを外し、緑色のレバー②を起こして上方に抜く。

◆リーフ（2013年８月以降・ZE0）◆

サービスプラグは、リアシート前側中央（トンネル部）にあり、フロアカーペットをめくってカバーを外すとアクセスできる。

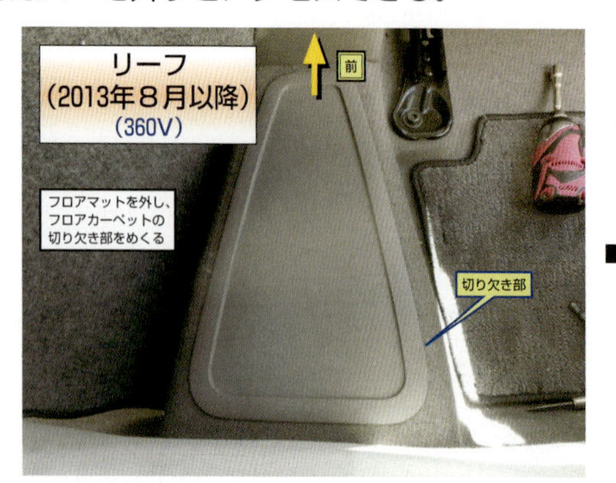

▲サービスプラグの位置／リーフ（2013年８月以降）

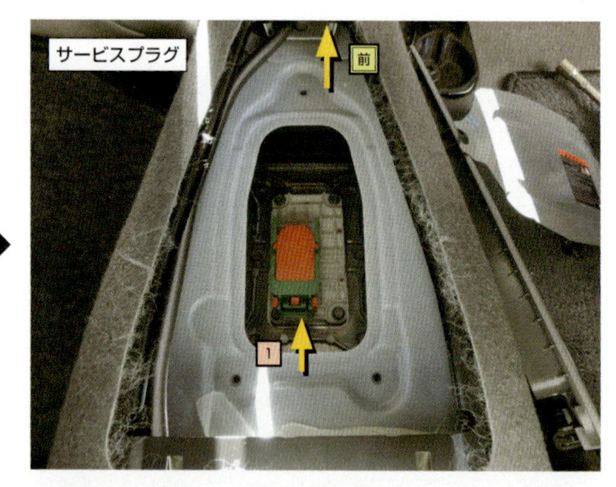

緑色のレバー①に指をかけて起こし、レバーを持ちながら上方に抜く。

◆e-NV200（初代・ME0）◆

サービスプラグの正式なアクセス方法は、センターコンソール前部のマスクカバーを外す。センターコンソールを固定しているクリップやネジを外す。センターコンソールを外し、サービスプラグカバーを外す。サービスプラグにアクセスできる。形状は「N-Ⅳ型」。緊急時にはバールなどでこじあけてセンターコンソールを外す。

▲サービスプラグ（N-Ⅳ型）の位置と操作方法／e-NV200

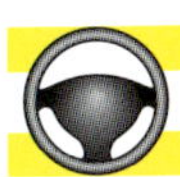

7　マツダのHV

◆アクセラHV（初代・BYEFP）◆

サービスプラグにアクセスするには、トランクルーム奥のパーティションボードを外さなければならない。緊急時は補機バッテリーサービスホールの蓋を外し、左側に向かってパーティションボードを引きちぎるとサービスプラグにアクセスできる。形状はトヨタの「T-Ⅳ型」。

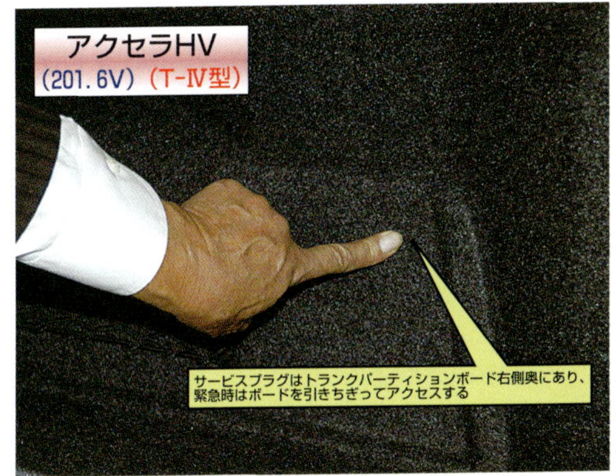

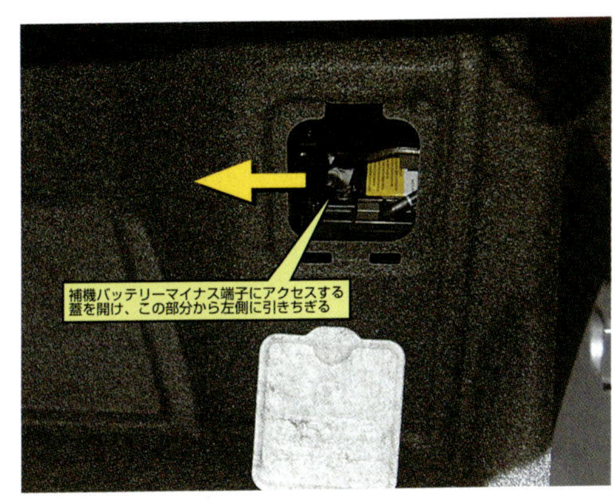

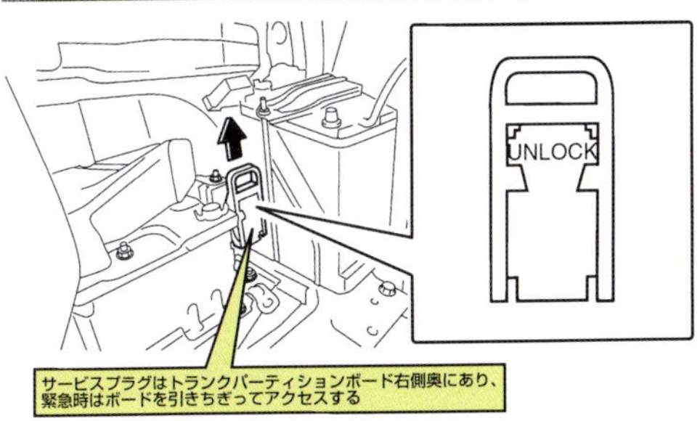

◀サービスプラグ（T-Ⅳ型）の位置と操作方法／アクセラHV

8　三菱のPHEVとEV

◆アウトランダーPHEV（初代・GG2W）◆

サービスプラグは、リアシート前側中央（トンネル部）にあり、フロアカーペットをめくってカバーを外すとアクセスできる。サービスプラグは「M-Ⅱ型」。

▲サービスプラグ（M-Ⅱ型）の位置と操作方法／アウトランダーPHEV

◆i-MiEV（初代・HA4W）◆

サービスプラグは、助手席シート下にあり、助手席を最後端まで動かしてカーペットをめくる。12㎜のナット２個で留まっている蓋を外せばアクセスできる。奥のナットは外しにくい。三菱独自のサービスプラグ「M-Ⅰ型」でレバーを起こして引き抜く。

① 助手席を最後端に動かし、助手席下のカーペットをめくる。

② サービスリッドを留めている、12㎜のナットを外す。

③ サービスプラグが見える。

④ サービスプラグのレバーを起こして上に引き抜く。

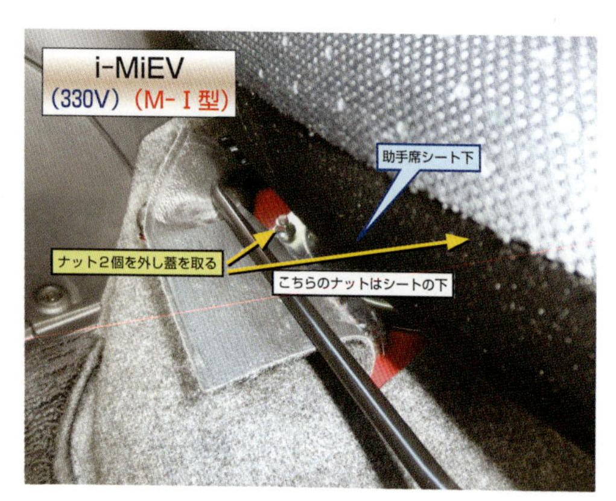

▲サービスプラグの位置／アイミーブ

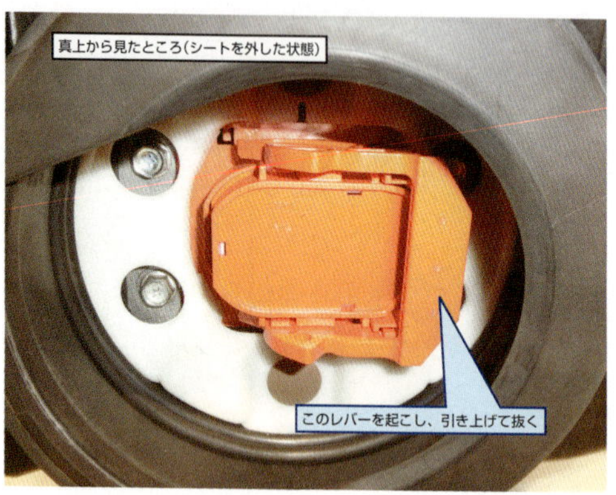

▲サービスプラグの操作方法／アイミーブ　シートを外さないと全体は見えない。

◆ミニキャブ・ミーブ（初代・U68V）◆

基本はi-MiEVと同じ。

サービスプラグは助手席の下だが、こちらは助手席シートを後方に倒すことができるので、アクセスは簡単。サービスプラグは「M-Ⅰ型」。

◆ミニキャブ・ミーブトラック（初代・U68T）◆

基本はi-MiEVと同じ。

サービスプラグは助手席の下だが、こちらは助手席シートを後方に倒すことができるので、アクセスは簡単。サービスプラグは「M-Ⅰ型」。

9　スバルのHVとEV

サービスプラグは、トヨタ（T-Ⅲ型）のものを使用している。

◆プラグインステラ（初代・RN1改）◆

サービスプラグは、リアシート前部左側フロアにあるが、アクセス方法は面倒。

1　フロアマットをめくって最初のカバー（プラグカバー）を外す。

2　プラスドライバーでネジ４本を外して、蓋（フロアフラップ）を外す。

3　10㎜頭のボルト４本（プラス頭）を外して最後の蓋（サービスプラグカバー）を外してサービスプラグにアクセスする。

なお、異物が入らないように最初に外したカバーを載せておくよう指示されている。サービスプラグはトヨタの「T-Ⅲ型」。

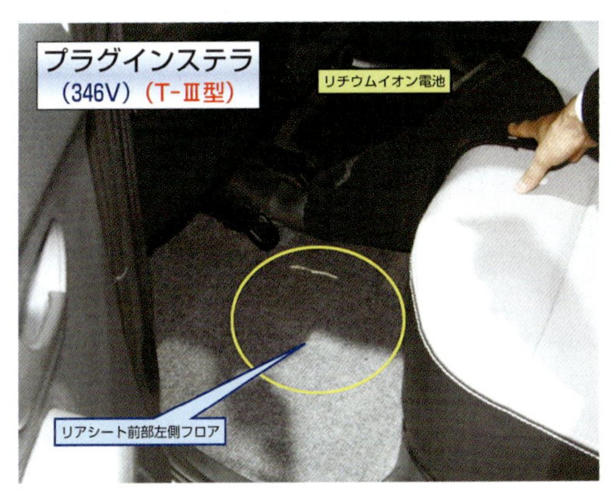

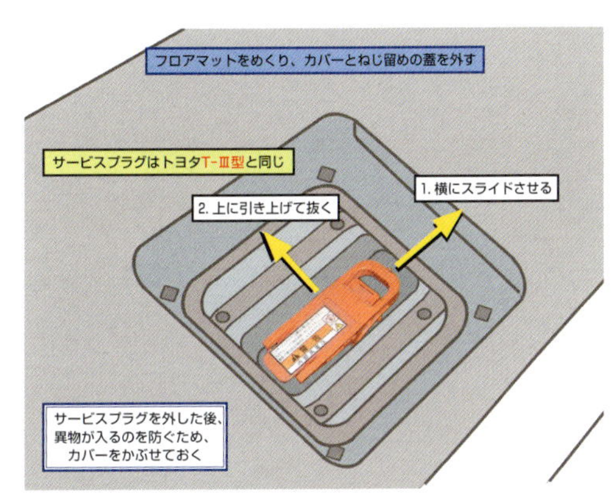

▲サービスプラグ（T-Ⅲ型）の位置と操作方法／プラグインステラ

◆スバルXVHV（初代・GPE）◆

サービスプラグにアクセスするには、後部荷室の蓋を上げる。左奥にサービスプラグホールが見える。スバル独自のサービスプラグ。形状は「F-Ⅰ型」。

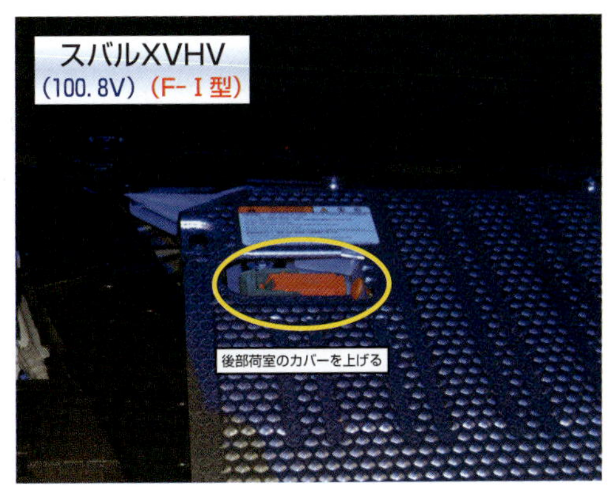

サービスプラグ（F-Ⅰ型）の位置と操作方法／スバルXVHV▶

5 HVの火災実験事例

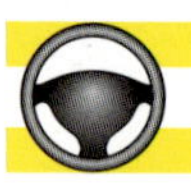 1　燃えるHV 

実際の火災事例などのデータはないが、プリウス（初代・初期型）で、外部からの着火による火災実験を行った事例があるので紹介しよう。

▲燃えるプリウス

 2　火はエンジンルームから車内へ 

右フロントタイヤに着火させた火は徐々に燃え広がり、エンジンルーム、車内へ延焼し、通常の車両火災と何ら変わるところはない。

▲火はエンジンルームから車内へ

 3　バッテリーとインバーターの燃焼 

トランク前部にあるEVバッテリーを格納しているケースは、半プラスチック製で、内部にはプラスチック製品などの可燃物が多いので、かなりの時間燃焼を続けた。

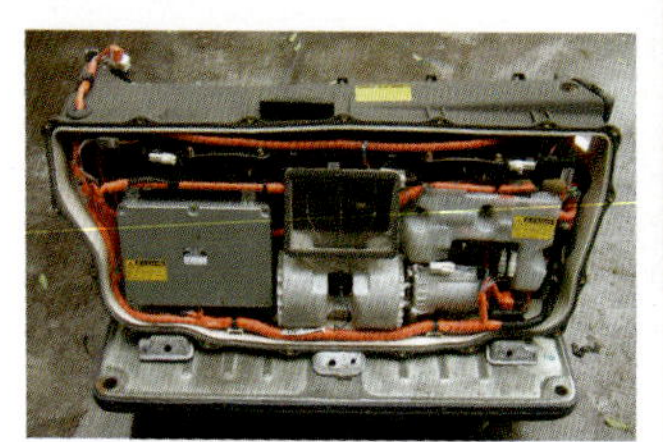

▲バッテリーユニット

▲焼損した電池

エンジンルームには、大型コンデンサーが内蔵されたインバーターなどが存在するが、燃焼中に爆発などは起きないし、ショートした形跡もない。

▲インバーター内部（ケースを外した状態）

▲鎮火後のインバーター内部（ケースを外した状態）

4　床下の高圧電線の燃焼

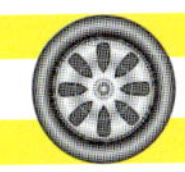

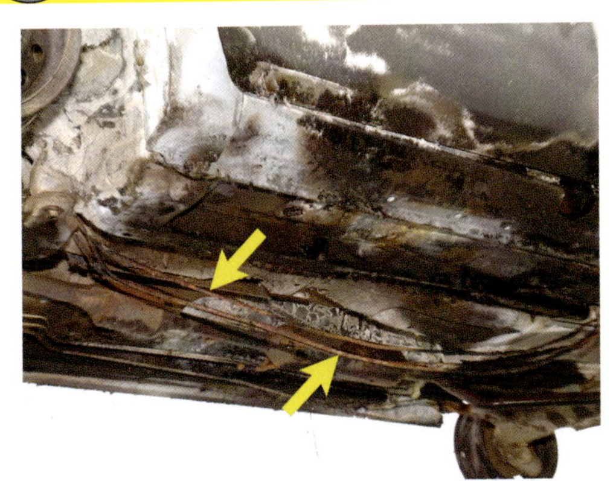
▲焼損した床下の高圧電線

高圧電線が通っている床下でも、ショートなどが起きた形跡はない。

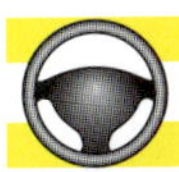

5　バッテリーの焼損による電解液漏れ

▲pH試験紙

▲pH試験紙（アルカリ反応）

焼損しても原形はとどめており、金属ケースの継ぎ目に電解液が若干滲んでいる程度で広がりはない。pH試験紙を当てると青く変色し、強いアルカリ反応を示した。

pH試験紙はアルカリに反応すると青色系、酸に反応すると赤色系に変色し、それぞれの濃度により変色の度合いが変わる。強アルカリはアルミニウムに、強酸は金属全般に損傷を与えるが、プラスチックには大きな損傷はない。

▲バッテリーパック

▲角型ニッケル水素電池パック

▲ニッケル水素電池ユニット／プリウス（2代目）

通常のガソリン車と同様にタイヤの破裂などはあるが、そのほかの特異な爆発や異常な燃焼などはない。

プリウス（初代）のマイナーチェンジ以降とその他のトヨタ系HVは、角型プラスチックケースの専用ニッケル水素電池が使用されている。プラスチック製なので、焼損すると電解液の漏出は多くなるのではないかと思われる。

角型電池のバッテリーケースは、金属製になっているので、焼損してもバラバラになることはない。

ホンダのHVは、金属ケースの丸型ニッケル水素電池を使用しているので、電解液の漏れはプリウス（初代）と同様と思われるが、こちらは金属製のバッテリーケースを使用しているので、バラバラになることはない。

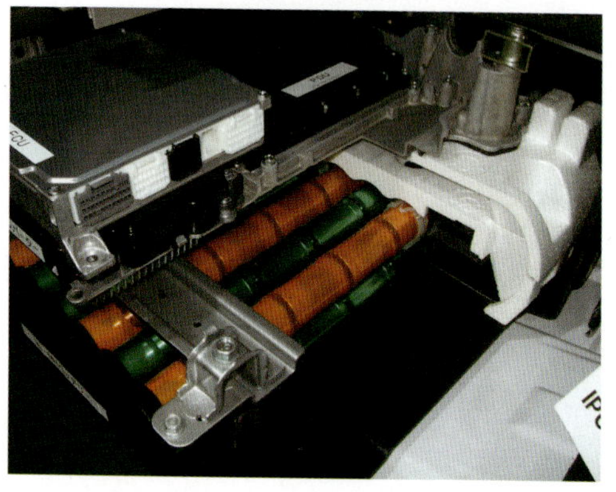
▲ニッケル水素電池／ホンダ

先取り知識！　試験走行をしている燃料やエンジン

▲バスの水素エンジン

★水素エンジン

水素エンジンは燃料に水素を使うが、燃料電池車ではなく水素を燃焼させるエンジンである。その多くは実験段階だが、マツダでは水素エンジンを使用した車を一部販売している。

▲高圧水素タンク

水素エンジンの水素タンクは複合素材を用い、35MPaあるいは70MPaの超高圧で充填する。

▲LNGエンジン車

★LNGエンジン

LNGエンジンでは燃料にLNG（液化天然ガス）を使用している。CNGエンジンと同じ天然ガスだが、マイナス162℃という超低温状態のLNGを入れるタンクやLNGの蒸発問題があり、試験走行にとどまっている。

★アルコール（主としてエタノール）

植物由来のバイオエタノールが研究されているが、ガソリンとの混合が主流である。100%アルコールの炎は青く目立たないので要注意。

★DME（ジメチルエーテル）

DMEは加圧で容易に液化し、スプレーなどに使用されている。ディーゼルエンジンの燃料として、液化DMEが研究されている。漏れるとガス化して引火しやすいので要注意。

ハイブリッド車（HV）、プラグインハイブリッド車（PHV）、

《HV、PHV》

注：前・後、左・右は進行方向に対するもの。

メーカー	車　名	モデル（型式）	HVの基本	駆動用バッテリーの位置	駆動用バッテリー電圧（容量）／最大駆動電圧 ニッケル水素電池 （※はリチウムイオン電池）	駆動用電源遮断装置の位置 （※は蓋がネジ留め）
トヨタ	プリウス	初代 （W10）	スプリット	リアシートバック後部	288V（6.5Ah）	トランク内リアシート後部右側 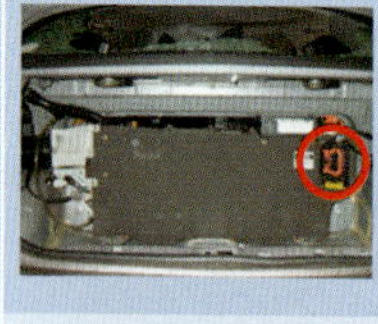 
		マイナーチェンジ （W11）	スプリット	トランクフロア下前部	273.6V（6.5Ah）	トランク内フロア下前部左側  
		2代目 （W20）	スプリット	荷室フロア下前部	201.6V（6.5Ah） ／500V	荷室内フロア下前部左側  
		3代目 （W30）	スプリット	荷室フロア下前部	201.6V（6.5Ah） ／650V	荷室内フロア下前部右側  
	プリウスα	初代 5人乗り （W41）	スプリット	荷室フロア下前部	201.6V（6.5Ah） ／650V	荷室内フロア下前部右側  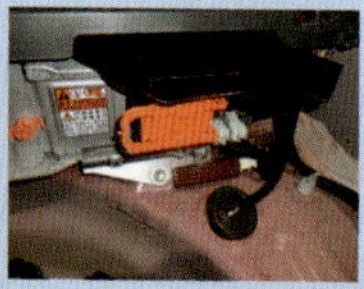
		初代 7人乗り （W40）	スプリット	センターコンソール下部	201.6V（5.0Ah） ／650V ※	センターコンソール前部  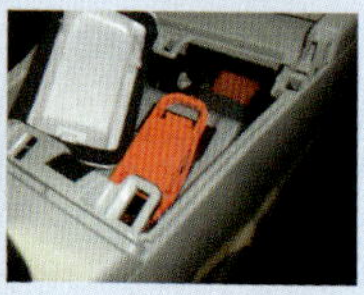
	プリウスPHV	3代目 限定型 （W30）	スプリット	荷室フロア下部	345.6V（5.2kWh） ／650V ※	荷室内フロア下後部 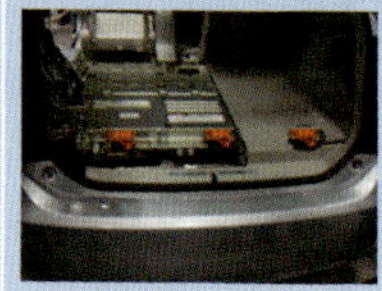 3個付いている。

電気自動車（EV）の駆動用バッテリー・電源遮断装置など

2015年３月末現在

電源遮断装置（独自の呼称）	衝突時遮断	駆動用電源を遮断するヒューズ(リレー)など	該当するヒューズボックス(リレーボックス)の位置	補機バッテリーの位置	備　考
T-Ⅰ型 サービスプラグ	有	HEV。(IGCT)	エンジンルーム左側（エンジンルーム後部中央）	トランク内後部左側	HV専用車
T-Ⅱ型 サービスプラグ	有	HEV。(IGCT)	エンジンルーム左側（エンジンルーム後部中央）	トランク内後部右側	HV専用車
T-Ⅲ型 サービスプラグ	有	HEV。(IGCT)	エンジンルーム左側	荷室内後部右側	HV専用車
T-Ⅳ型 サービスプラグ	有	IGCT、AM2	エンジンルーム左側	荷室内後部右側	HV専用車
T-Ⅳ型 サービスプラグ	有	IG2	エンジンルーム左側	荷室内後部右側	HV専用車
T-Ⅳ型 サービスプラグ	有	IG2	エンジンルーム左側	荷室内後部右側	HV専用車
T-Ⅳ型 サービスプラグ×３	有	IGCT、AM2	エンジンルーム左側	荷室内後部右側	PHV専用車 サービスプラグは３個全てを外す

メーカー	車　名	モデル（型式）	HVの基本	駆動用バッテリーの位置	駆動用バッテリー電圧（容量）／最大駆動電圧 ニッケル水素電池（※はリチウムイオン電池）	駆動用電源遮断装置の位置（※は蓋がネジ留め）
トヨタ	プリウスPHV	3代目 量産型 （W35）	スプリット	荷室フロア下部	207.2V（21.5Ah）／650V ※	荷室内フロア下後部中央 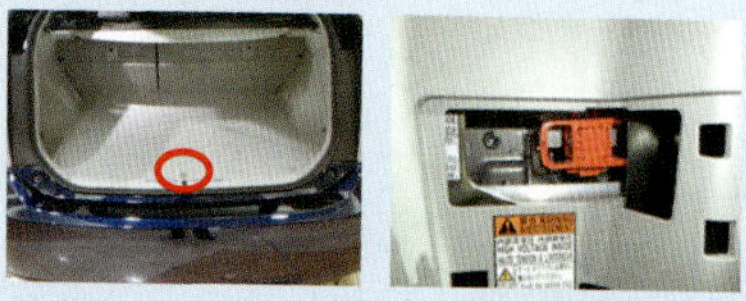
	エスティマHV	初代 （R10）	スプリット	3列目シート下部	216V（6.5Ah）	荷室内フロア下前部左側 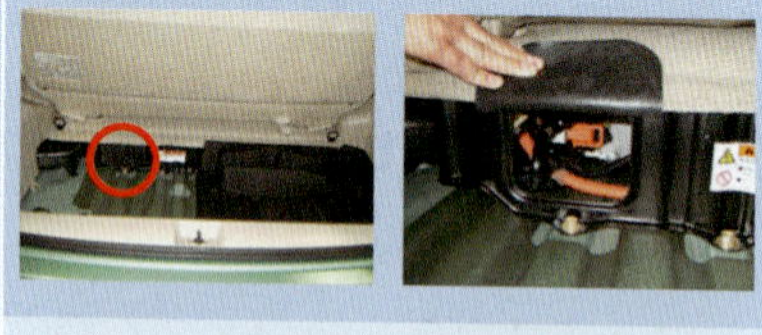
		2代目 （R20）	スプリット	センターコンソール下部	244.8V（6.5Ah）／650V	センターコンソール後部 
	アルファードHV	初代 （H10）	スプリット	フロントシート下部	216V（6.5Ah）	助手席後部下 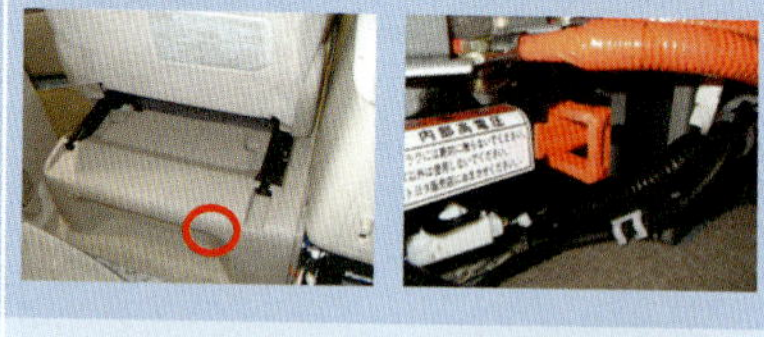
		2代目 （H20）	スプリット	センターコンソール下部	244.8V（6.5Ah）／650V	センターコンソール後部 
		3代目 （H30）	スプリット	センターコンソール下部	244.8V	センターコンソール後部 
	ヴェルファイアHV	初代 （H20）	スプリット	センターコンソール下部	244.8V（6.5Ah）／650V	センターコンソール後部 
		2代目 （H30）	スプリット	センターコンソール下部	244.8V	センターコンソール後部 

電源遮断装置（独自の呼称）	衝突時遮断	駆動用電源を遮断するヒューズ（リレー）など	該当するヒューズボックス（リレーボックス）の位置	補機バッテリーの位置	備　考
T-V型 サービスプラグ	有	IG2	エンジンルーム左側	荷室内後部右側	PHV専用車
T-II型 サービスプラグ	有	IGCT。(IGCT)	エンジンルーム後部左寄り	荷室内後部左側	サービスプラグはカバーを外してアクセス
T-III型 サービスプラグ	有	IGCT1	エンジンルーム後部左寄り	荷室内後部左側	ヒューズボックスはエンジンカバーを外してアクセス
T-II型 サービスプラグ	有	IGCT。(IGCT)	エンジンルーム後部左寄り	センターコンソール後部下	
T-III型 サービスプラグ	有	IG2	エンジンルーム後部左寄り	荷室内後部左側	基本はエスティマHV２代目と同じ
サービスプラグ	有	IG2	エンジンルーム後部左寄り	荷室内後部左側	
T-III型 サービスプラグ	有	IG2	エンジンルーム後部左寄り	荷室内後部左側	アルファードHV２代目と同型車
サービスプラグ	有	IG2	エンジンルーム後部左寄り	荷室内後部左側	

メーカー	車　名	モデル(型式)	HVの基本	駆動用バッテリーの位置	駆動用バッテリー電圧(容量)／最大駆動電圧 ニッケル水素電池(※はリチウムイオン電池)	駆動用電源遮断装置の位置(※は蓋がネジ留め)
トヨタ	ハリアーHV	初代(U38)	スプリット	リアシート下部	288V(6.5Ah)／650V	リアシート下部左側 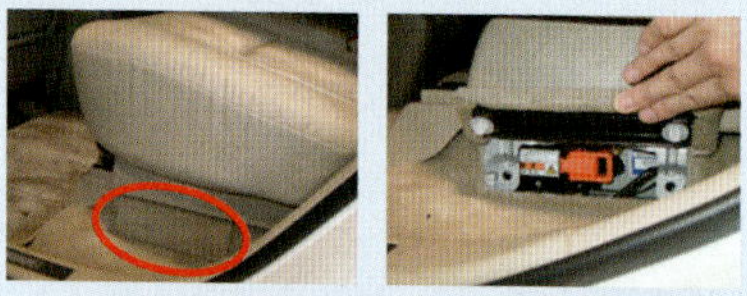
		2代目(U65)	スプリット	リアシート下部	244.8V(6.5Ah)／650V	リアシート中央前側※ 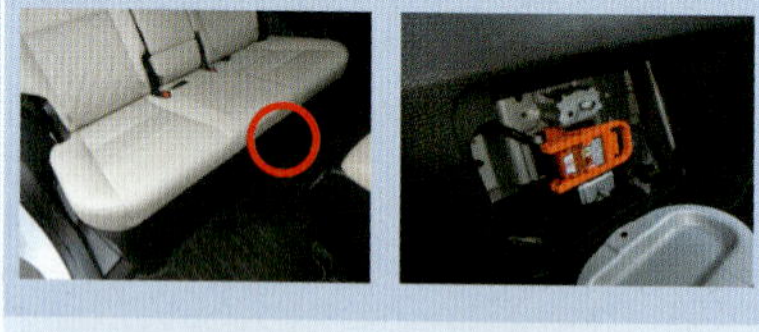
	クルーガーHV	初代(U28)	スプリット	リアシート下部	288V(6.5Ah)／650V	リアシート下部左側 
	クラウンHV	初代(S204)	スプリット	リアシート後部	288V(6.5Ah)／650V	トランク内リアシート後部左寄り 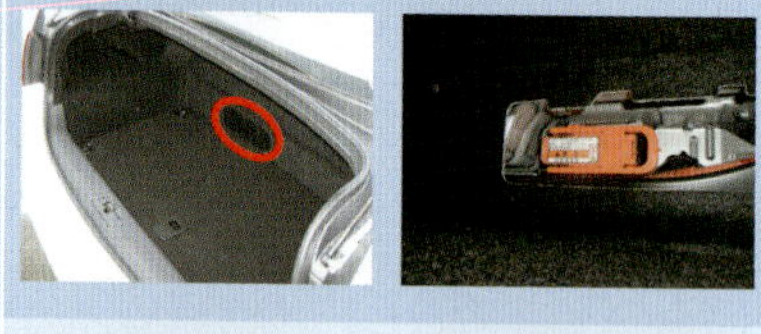
	クラウンアスリートHV	2代目(S210)	スプリット	リアシート後部	230.4V(6.5Ah)／650V	トランク内リアシート後部左寄り 
	クラウンマジェスタHV	2代目(S210)	スプリット	リアシート後部	2WD：288V(6.5Ah)／650V 4WD：230.4V(6.5Ah)／650V	トランク内リアシート後部左寄り 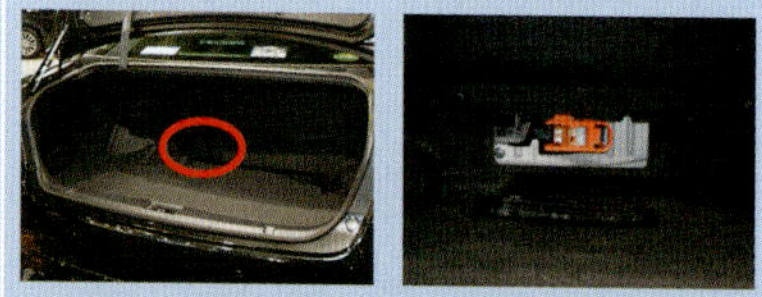
	クラウンロイヤルHV	2代目(S210)	スプリット	リアシート後部	230.4V(6.5Ah)／650V	トランク内リアシート後部左寄り 
	SAI	初代(K10)	スプリット	リアシート後部	244.8V(6.5Ah)／650V	トランク内リアシート後部左寄り 

電源遮断装置（独自の呼称）	衝突時遮断	駆動用電源を遮断するヒューズ(リレー)など	該当するヒューズボックス(リレーボックス)の位置	補機バッテリーの位置	備　考
T-Ⅱ型 サービスプラグ	有	IGCT1	エンジンルーム左側	エンジンルーム前部右側	
T-Ⅳ型 サービスプラグ	有	IG2 MAIN （20A　黄色）	エンジンルーム左側	トランク下部左寄り （カバー有り）	
T-Ⅱ型 サービスプラグ	有	IGCT1	エンジンルーム左側	エンジンルーム前部右側	ハリアーHVと同型車でサービスプラグへアクセスする蓋が異なるのみ。製造中止
T-Ⅲ型 サービスプラグ	有	IGCT2	エンジンルーム左側	トランク内左側	ヒューズボックスはエンジンカバーを外してアクセス
T-Ⅳ型 サービスプラグ	有	IG2 MAIN	エンジンルーム左側	トランク内後部左側	
T-Ⅳ型 サービスプラグ	有	IG2 MAIN	エンジンルーム左側	トランク内後部左側	
T-Ⅳ型 サービスプラグ	有	IG2 MAIN	エンジンルーム左側	トランク内後部左側	
T-Ⅲ型 サービスプラグ	有	IGCT2	エンジンルーム左側	トランク内 リアシート後部右側	HV専用車

メーカー	車　名	モデル（型式）	HVの基本	駆動用バッテリーの位置	駆動用バッテリー電圧（容量）／最大駆動電圧 ニッケル水素電池（※はリチウムイオン電池）	駆動用電源遮断装置の位置（※は蓋がネジ留め）
トヨタ	カムリ	初代（V50）	スプリット	リアシート後部	244.8V（6.5Ah）／650V	トランク内リアシート後部中央※ 
	アクア	初代（P10）	スプリット	リアシート下部	144V（6.5Ah）／650V	リアシート下部右寄り 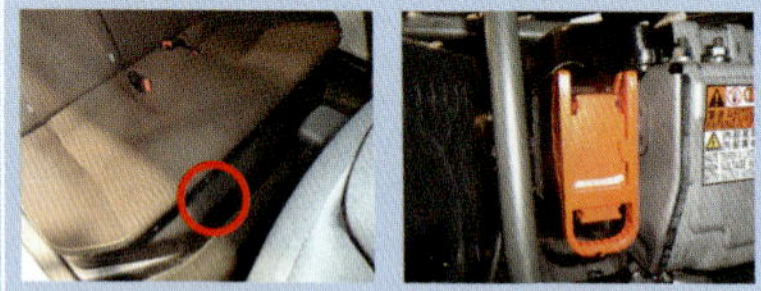
	カローラアクシオHV	初代（E165）	スプリット	リアシート下部	144V（6.5Ah）／520V	リアシート下部右寄り 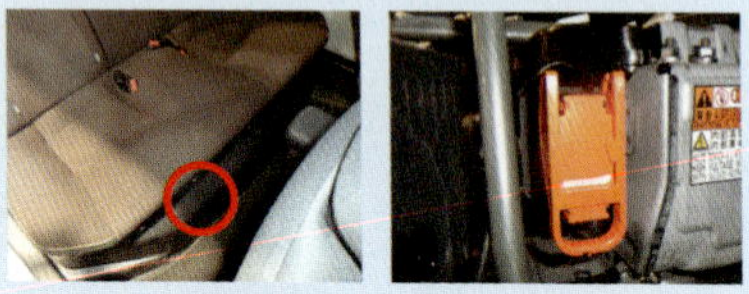
	カローラフィールダーHV	初代（E165）	スプリット	リアシート下部	144V（6.5Ah）／520V	リアシート下部右寄り 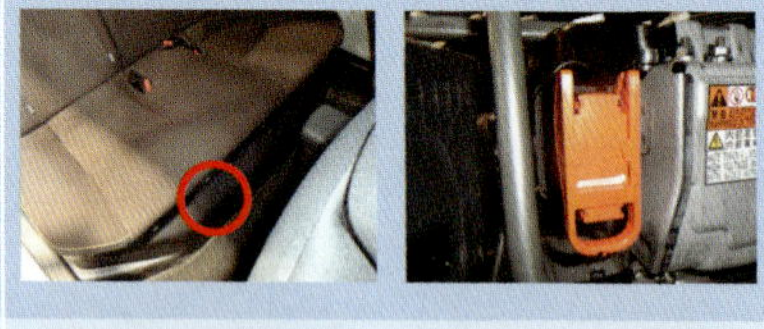
	ヴォクシーHV	初代（R80）	スプリット	フロントシート下部	201.6V（6.5Ah）／650V	運転席シート下後方※ 
	ノアHV	初代（R80）	スプリット	フロントシート下部	201.6V（6.5Ah）／650V	運転席シート下後方※ 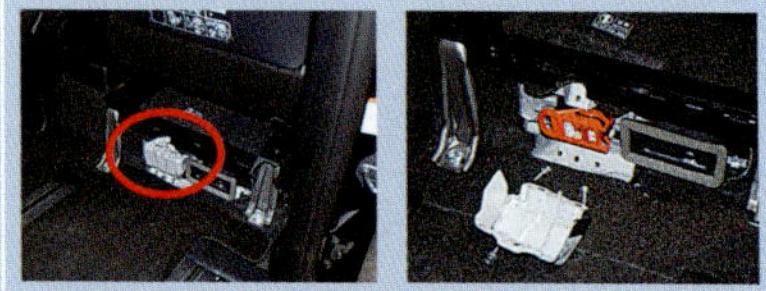
	エスクァイアHV	初代（R80）	スプリット	フロントシート下部	201.6V（6.5Ah）／650V	運転席シート下後方※ 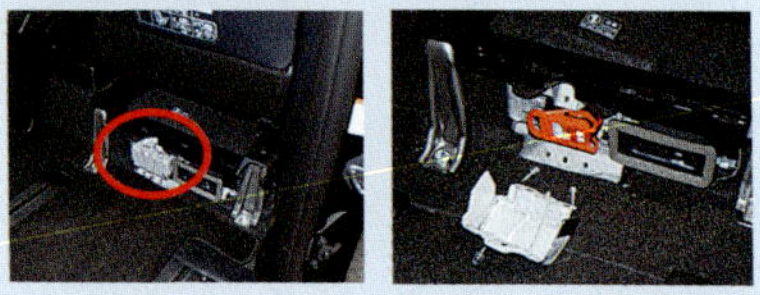
	ダイナHV・トヨエースHV	初代／マイナーチェンジ	パラレル	荷台左側下前部	288V（6.5Ah）	駆動用バッテリーケース側面前寄り※ 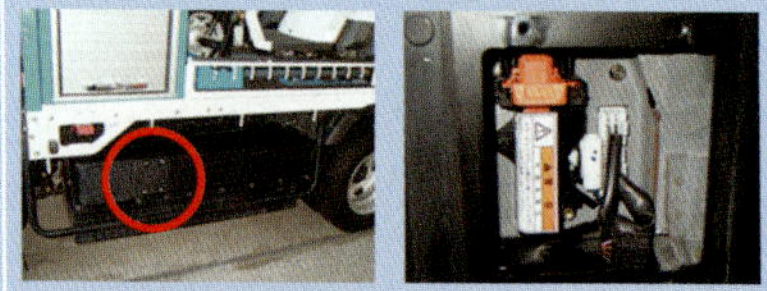

電源遮断装置（独自の呼称）	衝突時遮断	駆動用電源を遮断するヒューズ（リレー）など	該当するヒューズボックス（リレーボックス）の位置	補機バッテリーの位置	備考
T-Ⅳ型 サービスプラグ	有	IG2 MAIN	エンジンルーム左側	トランク内後部右側	HV専用車
T-Ⅳ型 サービスプラグ	有	IG2	エンジンルーム右側	リアシート下右側	HV専用車
T-Ⅳ型 サービスプラグ	有	IG2（30A　緑色）	エンジンルーム右側	リアシート右下部	
T-Ⅳ型 サービスプラグ	有	IG2（30A　緑色）	エンジンルーム右側	リアシート右下部	
T-Ⅳ型 サービスプラグ	有	IG2 MAIN （25A　無色）	エンジンルーム左側	荷室下右側	バッテリーにはカバーがかかっている。サービスプラグへのアクセスは困難
T-Ⅳ型 サービスプラグ	有	IG2 MAIN （25A　無色）	エンジンルーム左側	荷室下右側	バッテリーにはカバーがかかっている。サービスプラグへのアクセスは困難
T-Ⅳ型 サービスプラグ	有	IG2 MAIN （25A　無色）	エンジンルーム左側	荷室下右側	バッテリーにはカバーがかかっている。サービスプラグへのアクセスは困難
T-Ⅱ型 サービスプラグ	ー	HV	助手席グローブボックス下	標準キャブ／荷台下右側 ワイドキャブ／荷台下左側	

メーカー	車　名	モデル（型式）	HVの基本	駆動用バッテリーの位置	駆動用バッテリー電圧（容量）／最大駆動電圧 ニッケル水素電池（※はリチウムイオン電池）	駆動用電源遮断装置の位置（※は蓋がネジ留め）
トヨタ	ダイナHV・トヨエースHV	2代目	パラレル	荷台左側下前部	288V（6.5Ah）	駆動用バッテリーケース側面後ろ寄り※ 
レクサス	LS600h・LS600Lh	初代（F45／46） マイナーチェンジ（F45／46）	スプリット	リアシート後部	288V（6.5Ah）／650V	トランク内リアシート後部右寄り 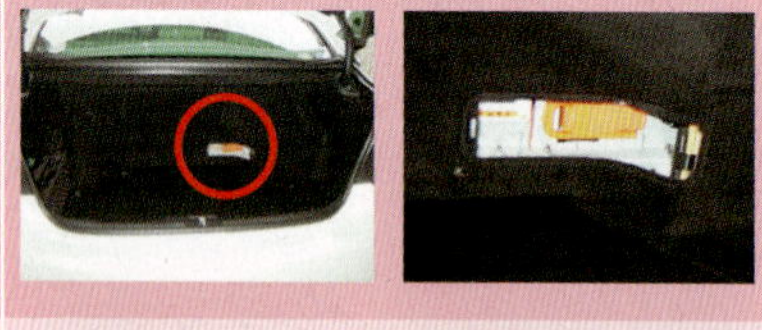
	GS450h	初代（S191）	スプリット	リアシート後部	288V（6.5Ah）／650V	トランク内リアシート後部左寄り 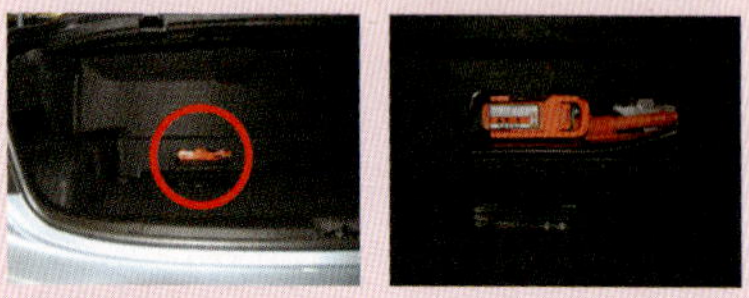
	GS450h	2代目（L10）	スプリット	リアシート後部	288V（6.5Ah）／650V	リアシートアームレスト格納部※ 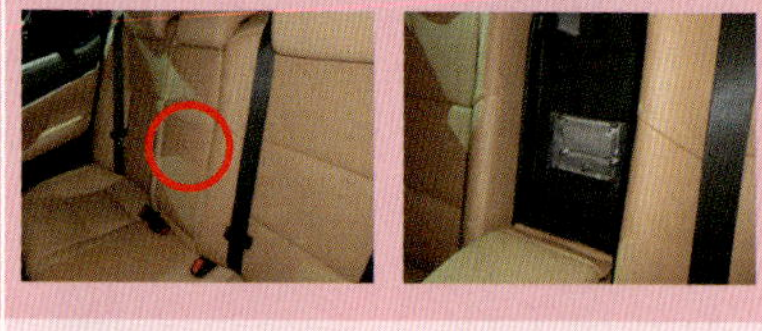
	RX450h	初代（L10／15）	スプリット	リアシート下部	288V（6.5Ah）／650V	リアシート下部左側 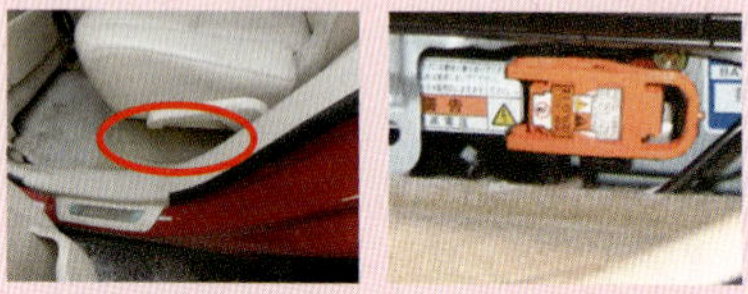
	HS250h	初代（F10）	スプリット	リアシート後部	244.8V（6.5Ah）／650V	トランク内リアシート後部左寄り 
	CT200h	初代（A10）	スプリット	荷室フロア下前部	201.6V（6.5Ah）／650V	荷室内フロア下前部右側 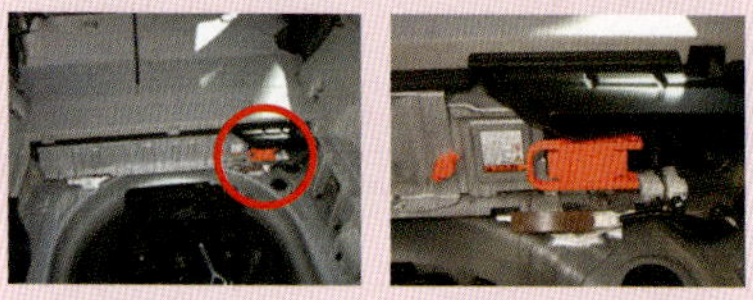
	IS300h	初代（E30／35）	スプリット	トランクフロア下部	230.4V（6.5Ah）／650V	トランクフロア下部中央付近（カバー有り）※ 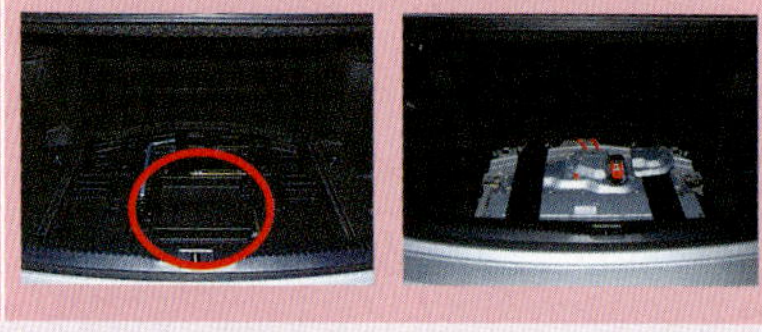

電源遮断装置（独自の呼称）	衝突時遮断	駆動用電源を遮断するヒューズ（リレー）など	該当するヒューズボックス（リレーボックス）の位置	補機バッテリーの位置	備考
T-Ⅳ型 サービスプラグ	ー	HV（2個）	駆動用バッテリーケース前方のフレーム部	標準キャブ／荷台下右側 ワイドキャブロング／荷台下左側 ワイドキャブセミロング／荷台下右側	
T-Ⅲ型 サービスプラグ	有	（IG2リレー）	エンジンルーム左側	トランク内後部左側	ヒューズボックスはエンジンカバーを外してアクセス
T-Ⅲ型 サービスプラグ	有	IGCT1	エンジンルーム左側	トランク内後部左側	ヒューズボックスはエンジンカバーを外してアクセス
T-Ⅳ型 サービスプラグ	有	IG2 MAIN	エンジンルーム左側	トランク内後部左側	ヒューズボックスはエンジンカバーを外してアクセス
T-Ⅳ型 サービスプラグ	有	IG2 MAIN	エンジンルーム後部左側	荷室内後部左寄り	
T-Ⅲ型 サービスプラグ	有	IGCT2	エンジンルーム左側	トランク内 リアシート後部右側	HV専用車 ヒューズボックスはエンジンカバーを外してアクセス
T-Ⅳ型 サービスプラグ	有	IGCT、AM2	エンジンルーム左側	荷室内後部右側	HV専用車
T-Ⅳ型 サービスプラグ	有	IG2 MAIN （20A　黄色）	エンジンルーム左前側	トランク左側 （カバー有り）	サービスプラグへのアクセスは困難

メーカー	車　名	モデル（型式）	HVの基本	駆動用バッテリーの位置	駆動用バッテリー電圧（容量）／最大駆動電圧 ニッケル水素電池（※はリチウムイオン電池）	駆動用電源遮断装置の位置（※は蓋がネジ留め）
レクサス	RC300h	初代（C10）	スプリット	トランクフロア下部	230.4V（6.5Ah）／650V	トランクフロア下部中央付近（カバー有り）※  
	NX300h	初代（Z10／15）	スプリット	リアシート下部	244.8V（6.5Ah）／650V	リアシート中央前側※  
ダイハツ	ハイゼットカーゴHV	（S320V）	パラレル	リアシート下部	216V（6.5Ah）	リアシート足元垂直面右寄り※  
	アルティス	初代（V50）	スプリット	リアシート後部	244.8V（6.5Ah）／650V	トランク内リアシート後部中央※ 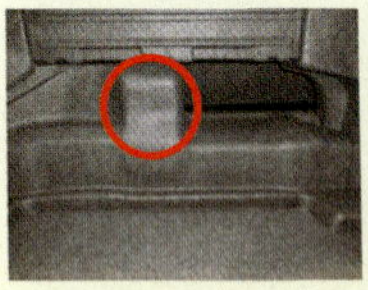 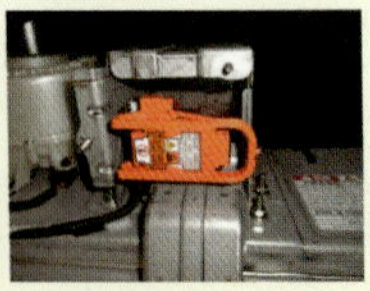
日野	デュトロHV	初代／マイナーチェンジ	パラレル	荷台左側下前部	288V（6.5Ah）	駆動用バッテリーケース側面前寄り※  
		2代目	パラレル	荷台左側下前部	288V（6.5Ah）	駆動用バッテリーケース側面後ろ寄り※  
ホンダ	インサイト	初代（2人乗り）（ZE1）	パラレル	荷室フロア下前部	144V（6Ah）	荷室フロア中央前側※  
		2代目（5人乗り）（ZE2／3）	パラレル	荷室フロア下前部	100.8V（5.75Ah）	荷室フロア下右前部※  

電源遮断装置（独自の呼称）	衝突時遮断	駆動用電源を遮断するヒューズ(リレー)など	該当するヒューズボックス(リレーボックス)の位置	補機バッテリーの位置	備　考
T-Ⅳ型 サービスプラグ	有	IG2 MAIN (20A　黄色)	エンジンルーム左前側	トランク左側 (カバー有り)	サービスプラグへのアクセスは困難
T-Ⅳ型 サービスプラグ	有	IG2 MAIN (20A　黄色)	エンジンルーム左側	トランク下部左寄り (カバー有り)	
T-Ⅱ型 サービスプラグ	―	IGCT	運転席右足元上	助手席シート下	製造中止
T-Ⅳ型 サービスプラグ	有	IG2 MAIN	エンジンルーム左側	トランク内後部右側	HV専用車
T-Ⅱ型 サービスプラグ	―	HV	助手席グローブボックス下	標準キャブ ／荷台下右側 ワイドキャブ ／荷台下左側	
T-Ⅳ型 サービスプラグ	―	HV(2個)	駆動用バッテリーケース前方のフレーム部	標準キャブ／荷台下右側 ワイドキャブロング ／荷台下左側 ワイドキャブセミロング ／荷台下右側	
ロックキャップ式 スイッチ	―	―	―	エンジンルーム後部左寄り	HV専用車 製造中止
ロックボタン式 スイッチ	―	補機バッテリーのマイナス端子と、プラス端子側のA又はBの端子を外す ＊1	―	エンジンルーム左側	HV専用車

メーカー	車　名	モデル（型式）	HVの基本	駆動用バッテリーの位置	駆動用バッテリー電圧（容量）／最大駆動電圧 ニッケル水素電池（※はリチウムイオン電池）	駆動用電源遮断装置の位置（※は蓋がネジ留め）
ホンダ	シビックHV	初代（ES9）／マイナーチェンジ（ES9）	パラレル	リアシートバック後部	144V（6Ah）	リアシートアームレスト格納部※ 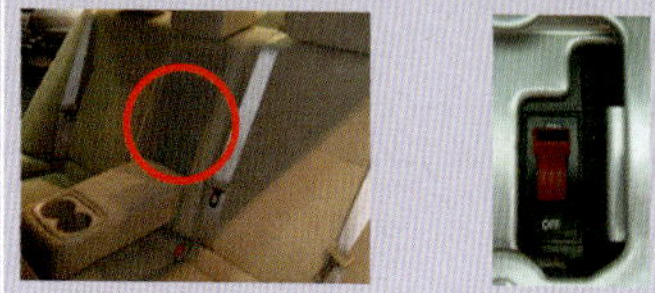
		2代目（FD3）	パラレル	リアシートバック後部	158.4V（6Ah）	リアシートアームレスト格納部※ 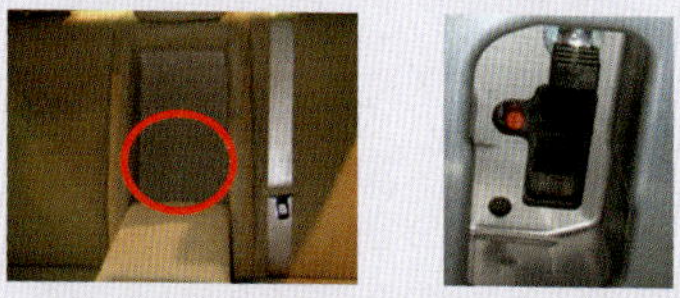
	CR-Z	初代（ZF1）	パラレル	荷室フロア下部	100.8V（5.75Ah）	荷室フロア下右側※ 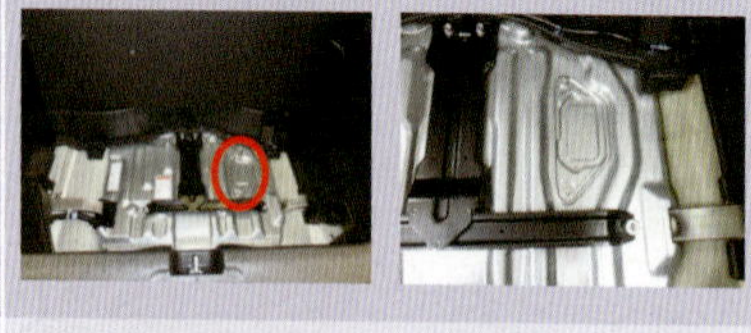
		2012年9月以降（ZF2）		トランクルーム奥	100.8V（5.74Ah）※	荷室後部やや右寄り 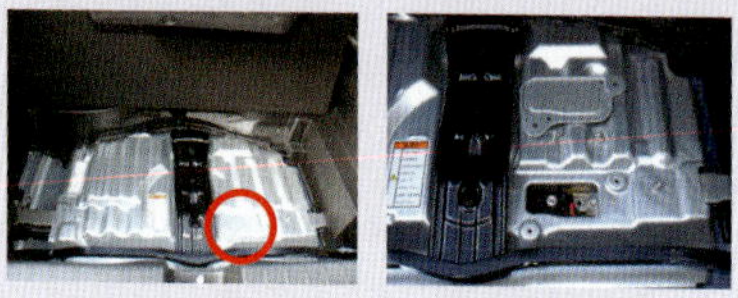
	フィットHV	初代（GP1／4）	パラレル	荷室フロア下部	100.8V（5.75Ah）	荷室フロア右側※ 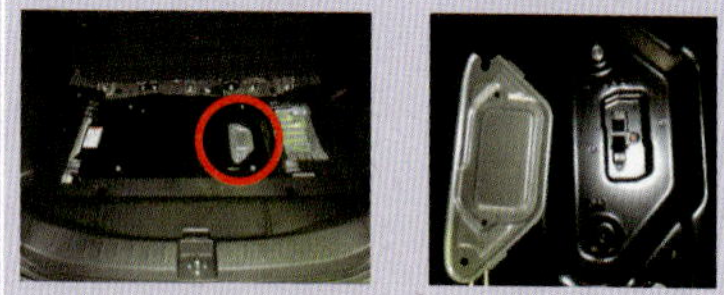
	フィットシャトルHV	初代（GP2）	パラレル	荷室フロア下前部	100.8V（5.75Ah）	荷室フロア右前部※ 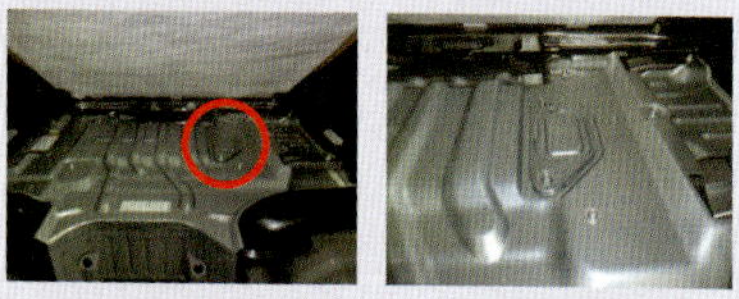
	フィットHV	2代目（GP5）	パラレル	車両後部床下	172.8V（5.0Ah）※	荷室前部右寄り※ 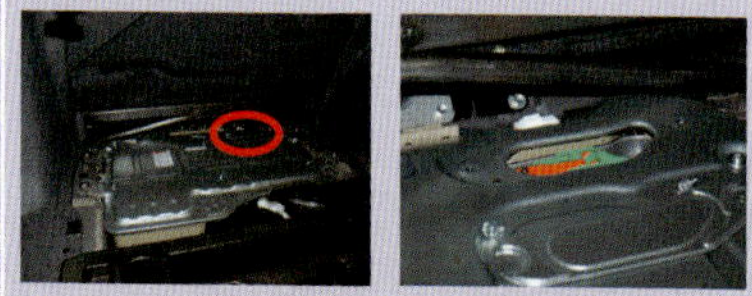
	フリードHV・フリードスパイクHV	初代（GP3）	パラレル	荷室フロア下前部	100.8V（5.75Ah）	荷室フロア右後部（スイッチは蓋の奥）※ 

電源遮断装置（独自の呼称）	衝突時遮断	駆動用電源を遮断するヒューズ（リレー）など	該当するヒューズボックス（リレーボックス）の位置	補機バッテリーの位置	備考
ロックキャップ式スイッチ	—	補機バッテリーのマイナス端子と、リレーボックスの50Aヒューズを外す	（エンジンルーム左側）	エンジンルーム左前側	メインスイッチへのアクセスはシートバック中央の布を切る
ロックボタン式スイッチ	—	補機バッテリーのマイナス端子と、リレーボックスの50Aヒューズを外す	（エンジンルーム左側）	エンジンルーム左前側	メインスイッチへのアクセスはシートバック中央の布を切る
ロックボタン式スイッチ	—	補機バッテリーのマイナス端子と、プラス端子側のA又はBの端子を外す＊1	—	エンジンルーム左側	HV専用車 基本はインサイト2代目
メインスイッチ			エンジンルーム右側		リチウムイオン電池搭載
ロックボタン式スイッチ	—	補機バッテリーのマイナス端子と、プラス端子側のA又はBの端子を外す＊1	—	エンジンルーム左側	基本はインサイト2代目
ロックボタン式スイッチ	—	補機バッテリーのマイナス端子と、プラス端子側のA又はBの端子を外す＊1	—	エンジンルーム左側	基本はインサイト2代目
T-Ⅳ型サービスプラグ	有	補機バッテリーのマイナス端子と、プラス端子側のA又はBの端子を外す＊1	—	エンジンルーム左側	
ロックボタン式スイッチ	—	補機バッテリーのマイナス端子と、プラス端子側のA又はBの端子を外す＊1	—	エンジンルーム左側	基本はインサイト2代目

メーカー	車　名	モデル（型式）	HVの基本	駆動用バッテリーの位置	駆動用バッテリー電圧（容量）／最大駆動電圧 ニッケル水素電池（※はリチウムイオン電池）	駆動用電源遮断装置の位置（※は蓋がネジ留め）
ホンダ	ヴェゼルHV	初代（RU3／4）	パラレル	車両後部床下	172.8V（5.0Ah）※	荷室前部右寄り※  
	グレイスHV	初代（GM4／5）	パラレル	車両後部床下	173V※ 172.8V（5.0Ah）※	荷室前部右寄り※  
	アコードHV	初代（CR6）	パラレル	車両後部床下	259V（5.0Ah）※／700V	 リヤシート右側背もたれの奥※
	アコードプラグインHV	初代（CR5）	パラレル	車両後部床下	320V（20.8Ah）※	 リヤシート右側背もたれの奥※
	レジェンドHV	初代（KC2）	パラレル	後部座席後側	（1.3kWh）※	リアシートセンターアームレストの奥  
	ジェイドHV	初代（FR4）	パラレル	車両後部床下	172.8V（5.0Ah）※	 荷室前部右寄り※ システムはフィットHVと同じ
日産	フーガHV	初代（Y51）	パラレル	リアシートバック後部	346V（1.3kWh）※	トランク内リアシート後部左寄り 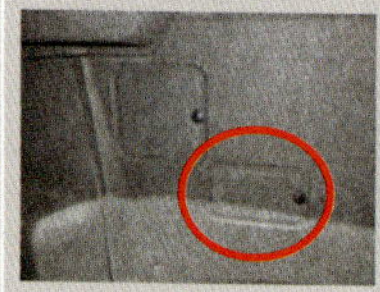 
	シーマHV	初代（Y51）	パラレル	トランクルーム奥	346V（1.3kWh）※	トランクパーテーションボード左寄り（カバー有り）  

電源遮断装置（独自の呼称）	衝突時遮　断	駆動用電源を遮断するヒューズ（リレー）など	該当するヒューズボックス（リレーボックス）の位置	補機バッテリーの位置	備　考
T-Ⅳ型 サービスプラグ	有	補機バッテリーのマイナス端子と、プラス端子側のＡ又はＢの端子を外す ＊１	―	エンジンルーム左側	
T-Ⅳ型 サービスプラグ	有	補機バッテリーのマイナス端子と、プラス端子側のＡ又はＢの端子を外す ＊１	―	エンジンルーム左側	
T-Ⅳ型 サービスプラグ	有	補機バッテリーのマイナス端子と、ヒューズボックス内の前側端子を外す	―	エンジンルーム左前側	サービスプラグへのアクセスは困難
T-Ⅳ型 サービスプラグ	有	補機バッテリーのマイナス端子と、ヒューズボックス内の前側端子を外す	―	エンジンルーム左前側	サービスプラグへのアクセスは困難
サービスプラグ	有			エンジンルーム左前側	サービスプラグへのアクセスは困難
サービスプラグ	有	補機バッテリーのマイナス端子と、プラス端子側のＡ又はＢの端子を外す ＊１		エンジンルーム左側	サービスプラグへのアクセスは困難
N-Ｉ型 サービスプラグ	有	FL80A IPDM ヒュージブルリンク	エンジンルーム左前側	トランク内 リアシート後部左側	
N-Ｉ型 サービスプラグ	有	FL80A IPDM	エンジンルーム左前側	トランクルームパーテーション上部左側奥 （カバー有り）	

メーカー	車名	モデル（型式）	HVの基本	駆動用バッテリーの位置	駆動用バッテリー電圧（容量）／最大駆動電圧 ニッケル水素電池（※はリチウムイオン電池）	駆動用電源遮断装置の位置（※は蓋がネジ留め）
日産	スカイラインHV	初代（V37）	パラレル	トランクルーム奥	346V（1.3kWh）※	トランクパーテーションボード上部左寄り（カバー有り）
マツダ	アクセラHV	初代（BYEFP）	スプリット	トランクフロア下前部	201.6V（6.5Ah）／650V	トランクパーテーションボード中央奥 補機バッテリーサービスホール左側
三菱	アウトランダーPHEV	初代（GG2W）	ー	車両中央下部	300V※	リアシート前側トンネル部
スバル	スバルXVHV	初代（GPE）	パラレル	リア荷室下部	100.8V（5.5Ah）	リア荷室下部前方左寄り

駆動用電源はいずれかにより遮断される。

・事故などの大きな衝撃（トヨタHV・PHV、レクサスHV、日産HV）
・イグニッションスイッチOFF
・指定のヒューズやリレーを外す（どれか分からないときは、すべてを外す）
・補機バッテリーのマイナスターミナルを外す（ホンダHVは追加作業が必要＊１）
・駆動用電源遮断装置を操作する（サービスプラグを外す、メインスイッチをOFFにする）

《EV》

メーカー	車名	モデル（型式）	駆動用バッテリーの位置	駆動用バッテリー電圧（容量）すべてリチウムイオン電池	駆動用電源遮断装置の位置（※は蓋がネジ留め）
日産	リーフ	初代（ZE0）	床下	345V（24kWh）	リアシート前側中央（トンネル部）※
		2013年8月以降（ZE0）	床下	360V（24kWh）	リアシート前側中央（トンネル部）※

電源遮断装置（独自の呼称）	衝突時遮断	駆動用電源を遮断するヒューズ（リレー）など	該当するヒューズボックス（リレーボックス）の位置	補機バッテリーの位置	備　考
N-Ⅲ型 サービスプラグ	有	IPDM E/Rのコネクターを外す	エンジンルーム左後部	トランクルーム左下（カバー有り）	
T-Ⅳ型 サービスプラグ	有	ー	ー	トランクパーテーションボード右側奥サービスホールよりアクセス	サービスプラグへのアクセスはパーテーションボードを外す必要あり
M-Ⅱ型 サービスプラグ※	有	F7（10A）	エンジンルーム右側	リア荷室下左側	
F-Ⅰ型 サービスプラグ	有	SBF №14（30A） 補機バッテリーと、再始動用バッテリーのマイナス端子を外す	エンジンルーム左側	補機バッテリー：エンジンルーム左側 再始動用バッテリー：エンジンルーム右側	

＊1　ホンダHVのバッテリー端子
マイナス端子とプラス端子側のA又はBの端子を外す。

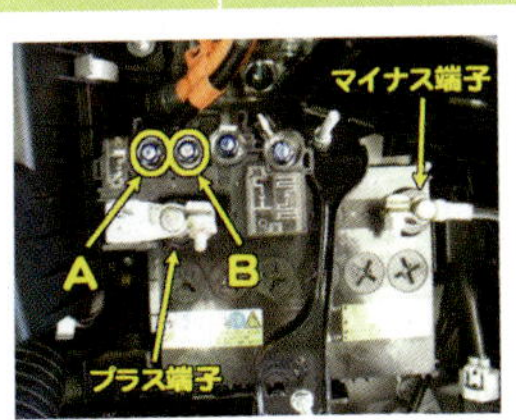

電源遮断装置（独自の呼称）	衝突時遮断	駆動用電源を遮断するヒューズあるいはリレー	ヒューズ（リレー）ボックスの位置	12V補機バッテリーの位置	備　考
N-Ⅱ型 サービスプラグ	有	VCM、VCM IG、PBW IG	モータールーム内左側	モータールーム内左側	
サービスプラグ	有				

メーカー	車　名	モデル（型式）	駆動用バッテリーの位置	駆動用バッテリー電圧（容量）すべてリチウムイオン電池	駆動用電源遮断装置の位置（※は蓋がネジ留め）
日産	e-NV200	初代（ME0）	床下	360V（24kWh）	フロントコンソール下※ 
三菱	i-MiEV	初代（HA4W）	床下	330V（16kWh）	助手席シート下※ 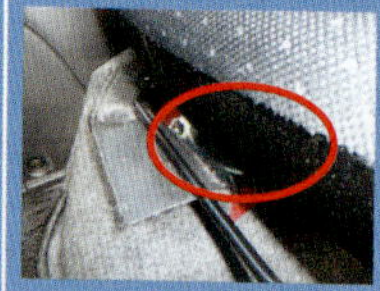 
	ミニキャブ・ミーブ	初代（U68V）	床下	330V（16kWh）	助手席シート下※ 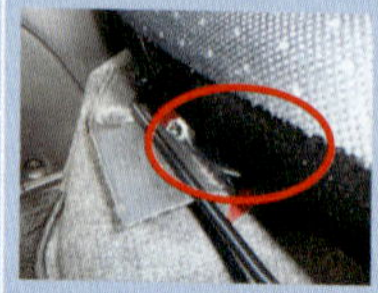 
		廉価版（U68V）		270V（10.5kWh）	
	ミニキャブ・ミーブトラック	初代（U68T）	車両中央下部	330V（16kWh） 270V（10.5kWh）	助手席シート下※ 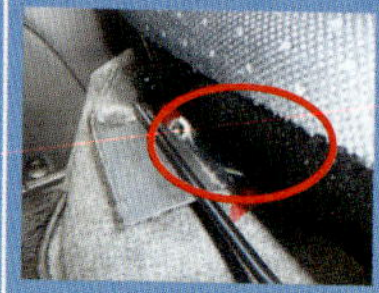 
スバル	プラグインステラ	初代（RN1改）	床下	346V（9kWh）	リアシート前部左側フロア※ 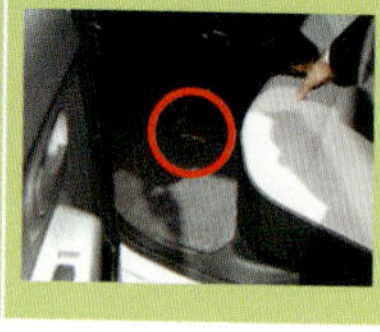 

駆動用電源はいずれかにより遮断される。

・事故などの大きな衝撃（日産EV、三菱EV）
・イグニッションスイッチOFF
・指定のヒューズやリレーを外す（どれか分からないときは、すべてを外す）
・補機バッテリーのマイナスターミナルを外す
・駆動用電源遮断装置を操作する（サービスプラグを外す）

電源遮断装置（独自の呼称）	衝突時遮断	駆動用電源を遮断するヒューズあるいはリレー	ヒューズ（リレー）ボックスの位置	12V補機バッテリーの位置	備　考
N-Ⅳ型 サービスプラグ	有	IPDM E/R内の ・F3 VCM(20A) ・F24 F/S1 RLY(15A) ・F15 VCM IGN(10A) ヒューズボックス内の VCM(20A)	モータールーム左側	モータールーム左側	サービスプラグの取り外しは困難
M-Ⅰ型 サービスプラグ	有	パワーコントロール	ボンネット内 前部右寄り	ボンネット内中央左寄り	
M-Ⅰ型 サービスプラグ	有	パワーコントロール	運転席シート下	荷室後部右寄り床下 （蓋を外す）	駆動用バッテリーの違いにより2車種 基本はi-MiEV
M-Ⅰ型 サービスプラグ※	有	№7（15A） パワーコントロール	運転席シート下	荷台下右側	
T-Ⅲ型 サービスプラグ	ー	EV ECU	助手席カップホルダー下	モータールーム内左側	製造中止

レスキュー時の取り扱いが各社（ダイハツを除く）のホームページに掲載されている。（2015年10月末現在）

トヨタ	http://www.toyota.co.jp/jpn/tech/safety/technology/help_net/rescue.html
レクサス	http://www.toyota.co.jp/jpn/tech/safety/technology/help_net/rescue.html
日　野	http://www.hino.co.jp/service/hybrid/index.html
ホンダ	http://www.honda.co.jp/rescue-auto/
日　産	http://www.nissan-global.com/JP/SAFETY/RESCUE/
スバル	http://www.fhi.co.jp/rescue/hybrid/
マツダ	http://www.mazda.co.jp/service/support/advice/rescue/
三　菱	http://www.mitsubishi-motors.com/jp/spirit/technology/library/maintenance/index.html

2訂版監修協力

福田　雅敏
（株式会社東京アールアンドデー）

写真・画像協力

JARI（日本自動車研究所）
JAF Mate
消防科学総合センター
「自動車火災ビデオ」
NASVA（自動車事故対策機構）
マガジンX
クリエイティブ・コモンズ
ミラージャパン
岩間浩一郎

撮影協力

神奈川県消防学校
千葉市消防学校
迫田商店
カトウオートリペア
アムラックストヨタ

資料協力

ナックイメージテクノロジー
トヨタ
ホンダ
マツダ
スズキ
日産
三菱
スバル（富士重工）
日野自動車
ダイハツ
マガジンX

参考文献

東京消防庁研究報告書
消防科学総合センター
「自動車火災ビデオ」

※順不同

【著者紹介】
相川　潔（あいかわ　きよし）
元 くるま総合研究会（KSK）代表

北海道自動車短期大学（現：北海道科学大学短期大学部）卒業後、社団法人（現：一般社団法人）日本自動車連盟（JAF）へ入社。関東本部ロードサービス部（教育及び教育機材の開発製作、車両テストの実施など）を経て株式会社JAF Mate社編集部へ出向。技術映像部部長を経て技術映像担当。定年退職後、くるま総合研究会を設立。

消防科学総合センターの自動車火災ビデオ制作に関わる再現実験、編集協力に携わり、消防大学校をはじめ、全国各地の消防学校の火災調査科、救助科、警防科や消防本部などで講義や実習、火災車両の原因究明などを行っていた。

交通安全協会（警察庁）、国土交通省、自動車工業会、自動車事故対策センター（現：自動車事故対策機構）、損害保険協会など官公庁や諸団体の交通安全などに関わるビデオの制作も担当。

総務省消防庁主催第８回全国消防救助シンポジウムにて、「今後の車両における車両構造と緊急対処」についての講演、「救助活動」についてのパネルディスカッションパネラーとして参加。

ほかにも、国民生活センターでは商品テスト分析・評価委員会委員、原因究明分析・評価委員会委員、自動車相談顧問。消費者庁では消費者安全調査委員会専門委員。一般社団法人全国福祉車両協議会では顧問の任に就いていた。

また、交通事故の再現実験や解析、テレビでの解説、実験なども行っていた。

2015年４月４日逝去。

車両 火災 救助 調査 対応ガイド

平成24年５月15日　初 版 発 行
平成28年９月10日　２ 訂 版 発 行
令和４年１月15日　２訂版５刷発行

著　者／相　川　　潔
発行者／星　沢　卓　也
発行所／東京法令出版株式会社

112-0002　東京都文京区小石川５丁目17番３号　03(5803)3304
534-0024　大阪市都島区東野田町１丁目17番12号　06(6355)5226
062-0902　札幌市豊平区豊平２条５丁目１番27号　011(822)8811
980-0012　仙台市青葉区錦町１丁目１番10号　022(216)5871
460-0003　名古屋市中区錦１丁目６番34号　052(218)5552
730-0005　広島市中区西白島町11番９号　082(212)0888
810-0011　福岡市中央区高砂２丁目13番22号　092(533)1588
380-8688　長野市南千歳町１００５番地
〔営業〕 TEL 026(224)5411　FAX 026(224)5419
〔編集〕 TEL 026(224)5412　FAX 026(224)5439
https://www.tokyo-horei.co.jp/

©KIYOSHI AIKAWA Printed in Japan, 2012
本書の全部又は一部の複写、複製及び磁気又は光記録媒体への入力等は、著作権法での例外を除き禁じられています。これらの許諾については、当社までご照会ください。
落丁本・乱丁本はお取替えいたします。

ISBN978-4-8090-2418-4